Helmut Weinberg u.a. · Gemenge- und Dosiertechnologie

Gemenge- und Dosiertechnologie

Meß- und Datentechnik, Verfahren

Obering. Helmut Weinberg

Dipl.-Ing. Heinz Heßdörfer
Obering. Werner Reif
Dipl.-Ing. Johannes Rolf
Obering. Alexander Wagner

Mit 93 Bildern

Kontakt & Studium
Band 267

Herausgeber:
Prof. Dr.-Ing. Wilfried J. Bartz
Technische Akademie Esslingen
Weiterbildungszentrum
Dipl.-Ing. FH Elmar Wippler, expert verlag

CIP-Titelaufnahme der Deutschen Bibliothek

Gemenge- und Dosiertechnologie: Mess- und
Datentechnik, Verfahren/Helmut Weinberg.
Heinz Hessdörfer ... – Ehningen bei Böblingen:
expert-Verl.,1989
   (Kontakt & [und] Studium; Bd. 267)
   ISBN 3-8169-0344-4
NE: Weinberg, Helmut [Hrsg.]; Hessdörfer, Heinz
[Mitverf.]; GT

ISBN 3-8169-0344-4

© 1989 by expert verlag, 7044 Ehningen bei Böblingen
Alle Rechte vorbehalten
Printed in Germany

Herausgeber-Vorwort

Die berufliche Weiterbildung hat sich in den vergangenen Jahren als eine ebenso erforderliche wie notwendige Investition in die Zukunft erwiesen. Der rasche technologische Wandel und die schnelle Zunahme des Wissens haben zur Folge, daß wir laufend neuere Erkenntnisse der Forschung und Entwicklung aufnehmen, verarbeiten und in die Praxis umsetzen müssen. Erstausbildung oder Studium genügen heute nicht mehr. Lebenslanges Lernen, also berufliche Weiterbildung, ist daher das Gebot der Stunde und der Zukunft.

Die Ziele der beruflichen Weiterbildung sind

— Anpassung der Fachkenntnisse an den neuesten Entwicklungsstand
— Erweiterung der Fachkenntnisse um zusätzliche Bereiche
— Erlernen der Fähigkeit, wissenschaftliche Ergebnisse in praktische Lösungen umzusetzen
— Verhaltensänderungen zur Entwicklung der Persönlichkeit.

Diese Ziele lassen sich am besten durch das „gesprochene Wort" (also durch die Teilnahme an einem Präsenzunterricht) und durch das „gedruckte Wort" (also durch das Studium von Fachbüchern) erreichen.

Die Buchreihe KONTAKT & STUDIUM, die in Zusammenarbeit zwischen dem expert verlag und der Technischen Akademie Esslingen herausgegeben wird, ist für die berufliche Weiterbildung ein ideales Medium. Die einzelnen Bände beruhen auf erfolgreichen Lehrgängen an der TAE. Sie sind praxisnah und aktuell. Weil in der Regel mehrere Autoren — Wissenschaftler und Praktiker — an einem Band beteiligt sind, kommen sowohl die theoretischen Grundlagen als auch die praktischen Anwendungen zu ihrem Recht.

Die Reihe KONTAKT & STUDIUM hat also nicht nur lehrgangsbegleitende Funktion, sondern erfüllt auch alle Voraussetzungen für ein effektives Selbststudium und kann als Nachschlagewerk dienen. Auch der vorliegende Band ist nach diesen Grundsätzen erarbeitet. Mit ihm liegt wieder ein Lehr- und Nachschlagewerk vor, das die Erwartungen der Leser an die wissenschaftlich-technische Gründlichkeit und an die praktische Verwertbarkeit nicht enttäuscht.

TECHNISCHE AKADEMIE ESSLINGEN   expert verlag
Prof. Dr.-Ing. Wilfried J. Bartz   Dipl.-Ing. Elmar Wippler

Autoren-Vorwort

Die Mikroprozessortechnik hat auch die Gemenge- und Dosiertechnologie meß-, daten- und verfahrenstechnisch geprägt. Diese Entwicklung läßt sich auch für die Zukunft prognostizieren mit dem Trend zu logistischen Gesamtsystemen.

Zu derartigen Gesamtkomplexen sind die Prozeßvorgänge, der Materialfluß, die Förder-, Handling-, Verpackungs- oder Auszeichnungstechnik, die Distribution und der Versand nur Bausteine der Logistik und nur mit datenverarbeitungsgestützten Informationssystemen zu einer modernen Industrielogistik gestaltbar.

Auf dieser Basis und in diese Zukunft weisend umfaßt dieses Buch meß- und datentechnische Grundlagen und mannigfache praxisbezogene Anwendungsbeispiele für die Abfüllung, den Transport und die Verteilung von Flüssigkeiten und Schüttgütern, für die Vorbereitung und Bildung von Gemengen bei mechanischer oder pneumatischer Förderung, unter Anwendung diskontinuierlicher oder kontinuierlicher Verfahren.

Die Autoren dieses Buches kommen aus der Entwicklung, Anwendung und Anlagenplanung, wodurch eine vielschichtige und praxisrelevante Wissensvermittlung gewährleistet sein dürfte.

Mit diesem Themenband werden alle Bereiche angesprochen, die sich mit der Produktion und dem Handling von Schüttgütern und Flüssigkeiten, nach logistischen Gesichtspunkten befassen.

Balingen, im April 1989   Oberingenieur Helmut Weinberg

Inhaltsverzeichnis

1 Das Gewicht – eine Kontroll- und Führungsgröße in der Gemenge- und Abfülltechnik

H. Weinberg

1.1 Das Gewicht – Basis der Materialwirtschaft und Qualitätssicherung

Ein verfahrenskompatibler, ökonomisch ausgerichteter Materialfluß, eine logistisch aufgebaute, qualitätsgesicherte Verfahrens- und Produktionssteuerung und eine optimale Material- und Lagerwirtschaft mit sinnvoll integrierten Wäge- und Datensystemen, sind eine wesentliche Voraussetzung zur wirtschaftlichen Unternehmensführung.

Dabei garantiert das Gewicht als Basisgröße:

— Eine quantitativ und qualitativ richtige Zusammenstellung der Einsatzstoffe mit nachfolgender Qualitätssicherung der Zwischen- oder Endprodukte.

— Eine gezielte Steuerung und Überwachung des Materialverbrauches mit Reduzierung der Ausschußquoten durch Qualitätssicherung.

— Eine folgerichtige Steuerung von Prozeß- und Verfahrensabläufen.

— Eine Minimierung der Energie- und Personalkosten durch Reduzierung der Ausschußquoten.

— Eine rechtzeitige Disposition der einzusetzenden Materialien, möglichst unter Berücksichtigung der Marktlage.

— Eine stetige Kontrolle der verfahrensbedingten Betriebskennzahlen als "Ausbringgewicht/Einsatzgewicht" < 1 und der Arbeitsproduktivität als "Ausbringgewicht/Arbeitszeit in t/h.

— Ein Höchstmaß an Sicherheit bei der Rezeptureinwaage für die Arzneimittelherstellung mit zentralem, computergesteuertem Überwachungs- und Dokumentationssystem.

— Die Bereitstellung exakter Versanddaten als Grundlage einer lieferkonformen Fakturierung.

— Die Erstellung von Mengengerüsten, Lagerbeständen und Mateialbilanzen.

Die in die Verfahrens-, Produktions-, Förder- und Lagertechnik integrierten elektromechanischen Waagen sind also ein bedeutsames Glied zur Qualitätssicherung, Optimierung, Kontrolle, Steuerung, Klassifizierung, Auszeichung, Fakturierung, Material- und Kostenbilanzierung.

1.2 Die Waage in Automatisierungssystemen

Automatisierungs- oder Prozeßleitsysteme weisen, entsprechend dem Bild 1.1, eine typische Struktur auf, die gekennzeichnet ist durch das Zusammenwirken

— eines technischen Prozesses mit Sensoren und Aktoren;

— eines Informationssystems mit einem Digitalrechner, dessen Koppelung mit dem Prozeß und der Peripherie über BUS-Systeme sowie mit Schnittstelle zum Menschen und einschließlich der Software und schließlich

— mit dem Menschen, der zur Leitung und Koordination des Prozesses und zum Eingreifen im Störungsfall einwirkt.

Der waagrechte Ablauf in Bild 1.1 kennzeichnet die Phasen des technischen Prozesses und ist durch Energie- und Materialflüsse zu beschreiben, während in senkrechter Richtung ein hierarchische Struktur vorliegt, die durch Informationsflüsse gekennzeichnet ist. Der Energie- und Materialfluß ist durch Kraft- und Arbeitsmaschinen bestimmt, während für den Informationsfluß eine Informationsmaschine — sprich Rechner — bereitsteht.

Der technische Prozeß kann beispielsweise eine Chemieanlage mit einem chemischen Produktionsprozeß sein. Dann liegt am Eingang das Produkt A vor, sodann erfolgt der Prozeßschritt, der am Ausgang das Produkt B ergibt. Dieses System wird zusammen mit der Informationsstruktur als "Prozeßleitsystem" bezeichnet.

Über die bekannten und vorhandenen automatischen Regelungen und Überwachungseinrichtungen hinausgehend, entlastet man hierdurch den Menschen im technischen Prozeß von Wissensverarbeitung durch Verlagerung eines möglichst großen Teils seiner intellektuellen Aufgaben von ihm hin zur Informationsmaschine — sprich Rechner. Dies geschieht einerseits durch methodische Anwendung der künstlichen Intelligenz als spezielle Softwaresysteme oder auch Expertensysteme genannt, andererseits durch die verfügbare Hochleistungs-Rechnertechnologie. Dies zwei Komponenten eröffnen die Möglichkeit, Wissensverarbeitung, die bisher als intellektuelle Tätigkeit eine Domäne des Menschen

war, zumindest partiell in einen Rechner auszulagern und ihn also nicht nur
Daten und Signale verarbeiten zu lassen, sondern auch Wissen in vergleichbarer
Weise, wie dies ein Mensch tut.

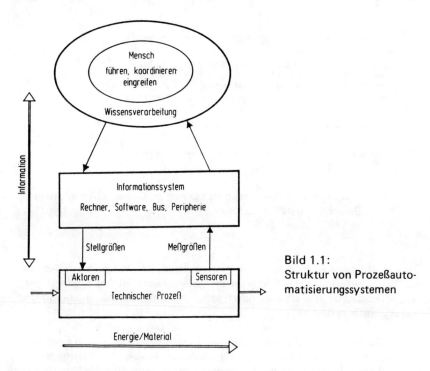

Bild 1.1:
Struktur von Prozeßautomatisierungssystemen

An die Stelle der Sensoren treten in Bild 1.1 bekanntlich die Lastaufnehmer
mit den Wägezellen als direktes oder hybrides System, die die von der zu wägenden Masse ausgeübte Gewichtskraft in ein elektrisches Signal umformen.
In dem in Bild 1.2 dargestellten hierarchischen Aufbau ist die Prozeßelementen-
oder Prozeßcontrollerebene dem Informationssystem nach Bild 1.1 zuzuordnen.
Hierbei reicht ja die Palette zur Darstellung, Auswertung und Verarbeitung des
Gewichtswertes von einfachen Auswerte- und Anzeigegeräten mit Tarafunktionen und konfigurierbarer Schnittstelle zum Personalcomputer oder Rechner
bis zu Terminals als Personalcomputer mit integriertem Auswerte- und
Anzeigegerät für das Gewicht, mit Speicher, Rechner, Datenträger und
Bildschirm, ebenfalls mit einer konfigurierbaren Schnittstelle für den Datenverkehr zum Rechner ausgerüstet.

3

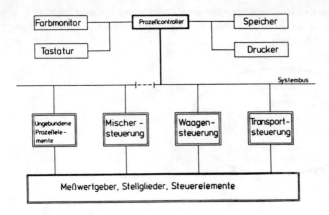

Bild 1.2: Automatisierungskonzept zum Dosieren, Wägen, Mischen, Regeln, Steuern, Darstellen, Erfassen

Das Entwicklungspotential und Einsatzspektrum der Waagen kann also mit der Computertechnik meß- und anwendungstechnisch vielfältig erweitert werden, vorausgesetzt, daß sie anwenderfreundlich, konfigurierbar, integrations- und systemfähig sind.

Da die Waagen in Produktionsanlagen und Verfahrensabläufen kein Engpaß in einem logischen Materialfluß sein dürfen, sollte bereits bei der Planung großer Wert auf einen hohen Automatisierungsgrad zur Optimierung des Materialdurchsatzes bei höchster Genauigkeit gelegt werden. Deshalb muß die Bedarfsanalyse nicht nur den funktionellen Umfang der Waage betrachten, sondern auch das maschinentechnische Umfeld vor und hinter der Waage. Diese Forderungen bzw. Plansätze führen zwangsläufig zu flexiblen, elektronischen Steuerungssystemen, die mit den verschiedenen Wägeeinrichtungen gekoppelt sind, mögen sie frei- oder speicherprogrammierbar arbeiten.

1.3 Die Eichordnung für den Abfüll- und Versandbereich

Nachfolgend sind die wesentlichen und anwenderrelevanten Merkmale und Vorschriften zusammengefaßt.

4

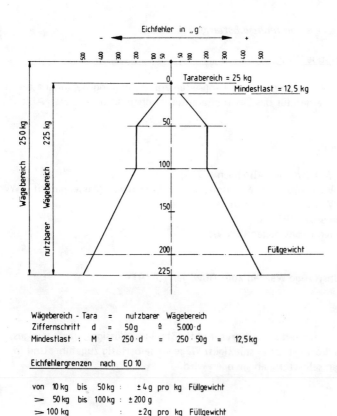

Wägebereich - Tara = nutzbarer Wägebereich
Ziffernschritt d = 50g ≙ 5.000 · d
Mindestlast : M = 250 · d = 250 · 50g = 12,5 kg

Eichfehlergrenzen nach EO 10

von 10 kg bis 50 kg : ± 4 g pro kg Füllgewicht
➤ 50 kg bis 100 kg : ± 200 g
➤ 100 kg : ± 2 g pro kg Füllgewicht

Bild 1.3: Eichfehlergrenze und Mindestlast am Beispiel einer SWA

1.3.1 Eichpflicht der Waagen

Waagen und bestimmte Zusatzeinrichtungen unterliegen in der BRD der Eichpflicht, wenn sie

— im geschäftlichen oder amtlichen Verkehr verwendet werden;

— in der Heilkunde oder bei der Herstellung und Prüfung von Arzneimitteln verwendet werden.

5

1.3.2   Selbsttätige und nichtselbsttätige Waagen

1.3.2.1   Selbsttätige Waagen

Waagen, die den Wägevorgang ohne Eingreifen von Bedienungspersonal ausführen und dabei einen für das Gerät charakteristischen automatischen Ablauf einleiten.

Man unterscheidet:

— Selbsttätige Waagen zum Abwägen (SWA);
— Selbsttätige Waagen zum diskontinuierlichen Wägen von Massengütern (SWW);
— Selbsttätige Waagen zum kontinuierlichen Wägen;
— Förderbandwaagen (FBW);
— Selbsttätige Kontrollwaagen (SKW).

1.3.2.1.1   Selbsttätige Waagen zum Abwägen (SWA)

Definition:

Meßgeräte, bei denen ein schüttbares und fließfähiges (flüssiges, pastenartiges, pulverförmiges, körniges oder stückiges) Wägegut selbsttätig zugeführt und in gleichen Mengen selbsttätig abgewogen wird.

Bauarten:

Plattformwaagen mit/ohne Aufbauten unter Abfüllsäulen, Schüttgutförderer, etc., Absackwaagen, Big-Bag-Abfüllwaagen, etc. ...

Fehlergrenzen:

Beim Abwägen von flüssigem, mehlartigem und körnigem Füllgut betragen die Eichfehlergrenzen (Bild 1.3)

a) für die Einzelabwägung von

12,5 g oder wenigerr	±	40 mg je Gramm Füllgewicht
12,5 g bis 50 g	±	500 mg
50 g bis 2 kg	±	10 mg je Gramm Füllgewicht
2 kg bis 5 kg	±	20 g
5 kg bis 50 kg	±	4 g je Kilogramm Füllgewicht
50 kg bis 100 kg	±	200 g
mehr als 100 kg	±	2 g je Kilogramm Füllgewicht

6

b) für das Mittel aus 10 Abwägungen von

12,5 g oder weniger	±	16 mg je Gramm Füllgewicht
12,5 g bis 50 g	±	200 mg
50 g bis 2 kg	±	4 mg je Gramm Füllgewicht
2 kg bis 5 kg	±	8 g
5 kg bis 50 kg	±	1,6 g je Kilogramm Füllgewicht
50 kg bis 100 kg	±	80 g
mehr als 100 kg	±	0,8 g je Kilogramm Füllgewicht

Der Verkehrsfehler ist jeweils der doppelte Eichfehler.

Mindestlast:

Die untere Grenze der Mindestlast ist abhängig vom Eichwert (Ziffernschritt) und beträgt (Bild 1.3):

Ziffernschritt "d"	Mindestlast "M_L"
0,5 bis 20 g	$100 \cdot d$
50 bis 200 g	$250 \cdot d$
$\geqslant$ 500 g	$500 \cdot d$

Aber nicht $< \dfrac{1}{20}$ der Höchstlast

Ausrüstung:

Automatische Sollwertkontrolle zur Prüfung, ob das Abfüllistgewicht innerhalb der eichgesetzlich vorgeschriebenen Toleranzgrenzen liegt.
Nachstromausgleich, um durch Voreinstellung des Abschaltpunktes der Zuführeinrichtung den Nachtstrom zu berücksichtigen.

Gebindeauszeichnung:

Das Nenngewicht (Füllgewicht) darf vor dem Füllen auf dem Gebinde stehen.

1.3.2.1.2 Selbsttätige Waagen zum diskontinuierlichen Wägen von Massengütern (SWW)

Definition:

Selbsteinspielende Handelwaagen mit selbsttätigen Einrichtungen zum Wägen

– eines rieselfähigen Massengutes durch Addition von Einzelwägungen

– und selbsttätigem Registrieren des Wägegutes.

Bauarten:

Behälterwaagen, Preisauszeichnungsgeräte, etc.

1.3.2.2 Nichtselbsttätige Waagen (NSW)

Für die Wägung ist eine Überwachung der Waagenfunktion durch Bedienungspersonal erforderlich und sicherzustellen, so daß ohne Eingriff des Bedieners
keine Wägung ausgeführt werden kann.

Bauarten:

Plattform-, Hängebahn-, Behälter-, Kran-, Hubtisch-, Straßen- und Gleisfahr-
zeugwaagen, etc.

Eichfehlergrenzen nach (Bild 1.4):

Ziffernschritt oder Skalenteil "d"	Eichfehler +/– f
0 bis 500 · d	0,5 · d
500 bis 2000 · d	1,0 · d
> 2000 · d	1,5 · d

Bild 1.4:   Eichfehlergrenzen für NSW

Verkehrsfehlergrenzen:

Sie betragen das Zweifache der Eichfehlergrenzen.

Mindestlast:

Sie beträgt ein Vielfaches des Ziffernschrittes oder Skalenteils

– bei 2 g – 20 g Teilung   Min = 20 · d

– ab 50 g Teilung   Min = 50 · d

Es liegt von der OIML eine Empfehlung vor, künftig die Mindestlast mit
Min = 20 · d grundsätzlich festzuschreiben.

8

Gebindeauszeichnung:

Das Nenngewicht (Füllgewicht) darf bei Abfüllwaagen vor dem Füllen *nicht* auf dem Gebinde stehen.

1.4 Stand der Wäge-, Abfüll- und Gemengetechnik

1.4.1 Lastaufnahmen — Dosiercomputer — Datenaufzeichnung

Entsprechend dem Bild 1.5 sind bei einer kompakten Waage alle Bauelemente in einem Gehäuse untergebracht. Bei den aufgelösten Wägesystemen sind die einzelnen Funktionsblöcke hardwaremäßig getrennt mit einer Meßwert- und Datenübertragung über definierte Schnittstellen durch Kabel oder Funk. Dabei werden verschiedene phyikalische Prinzipien gemäß dem Bild 1.6 eingesetzt. Davon sind zur Zeit weltweit die Widerstandskraftmeßeinrichtung, die elektrodynamische Kraftkompensation, die Schwingsaiten- und die Kreisel-Kraftmeßeinrichtung für den eichpflichtigen Verkehr relevant.

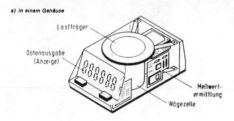

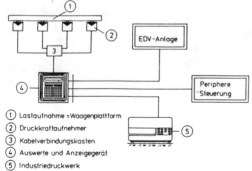

① Lastaufnahme = Waagenplattform
② Druckkraftaufnehmer
③ Kabelverbindungskasten
④ Auswerte und Anzeigegerät
⑤ Industriedruckwerk

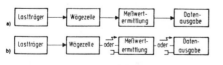

Aufbau einer elektromechanischen Waage

Bild 1.5:
Bauarten elektromechanischer Waagen

9

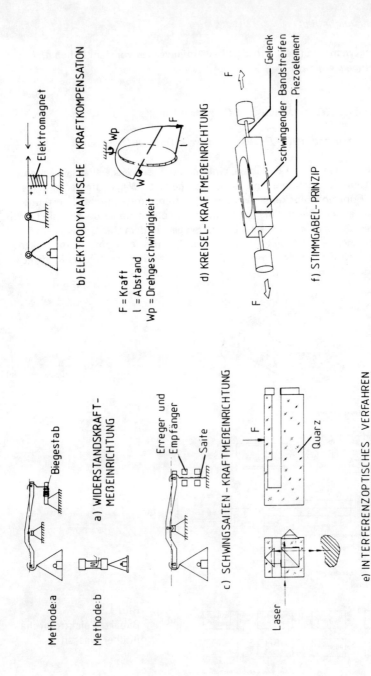

Bild 1.6: Physikalische Prinzipien zur Wandlung der Gewichtskraft

10

Das Widerstands-Kraftmeßverfahren ist für Waagen in Hybrid- und in Ein- bis Mehrwägezellenbauweise (Direktsysteme) einsetzbar; verfügt somit über das breiteste industrielle Anwendungsspektrum. Die übrigen gezeigten Verfahren sind, durch die begrenzten Nennlasten der Meßwertgeber, an das hybride System gebunden. Im eichpflichtigen Verkehr sind die vier Meßverfahren bei industriellen Handelswaagen der Genauigkeitsklasse III einsetzbar. Dabei dürfen Einteilungswaagen den Meßbereich bis zu 6 000 Eichwerte oder Ziffernschritte (beim Kreiselprinzip bis 7 000 Eichwerte) auflösen. Die Präzisions- und Feinwaagen der Genauigkeitsklasse II und I werden von der elektrodynamischen Kraftkompensation beherrscht, da dieses Meßprinzip hierbei die hohe Meßbereichsauflösung (bis 10^5) eichgesetzlich erfüllt.

Aus dem grundsätzlichen Aufbau elektromechanischer Waagen nach Bild 1.5 und 1.7 resultieren die Funktionsblöcke Lastaufnehmer, Auswerte-, Anzeige- und Steuersysteme und Datenaufzeichnungs- und -verarbeitungsanlagen. Eine Analogie besteht auch bei Wägeanlagen für explosionsgefährdete Bereiche (Zone 1 nach DIN 0165). Dabei ist es selbstverständlich, daß heutige Wägesysteme konfogurierbar, integrations- und systemfähig sind.

Mit steigendem Wägebereich und mit steigenden Abmessungen der Lastaufnemer steigt der Preisvorteil der Direktsysteme. Es ist absehbar, daß sich die Rentabilitätsgrenze mit fortschreitender Nutzung der Vorteile bei der Wägezellen-Serienproduktion zu kleineren Wägebereichen und Abmessungen verschieben wird. Solange es aber nicht uneingeschränkt gelingt, die Preisvorteile der Hybridsysteme in den unteren Einsatzbereichen auszugleichen und äquivalante Möglichkeiten für den Vorlastausgleich zu schaffen, hat auch dieses Wägelastübertragungssystem noch Einsatzmöglichkeiten.

Bei den Lastaufnahmen ist das Bestreben nach geringer Bauhöhe, umweltresistenten Oberflächen und nahtloser Materialflußintegration erkennbar. Die diesbezügliche Entwicklung hat Plattformwaagen mit aufgebauten Rollenbahnen oder Kettenförderern, Durchfahrwaagen mit Auf- und Abfahrrampe oder Palettenwaagen in einseitig offener, u-förmiger Bauweise zum Einfahren eines Paletten-Hubwagens (Bild 1.8) entstehen lassen. Auch der Einbau von Wägezellen in die Gabeln der Staplerfahrzeuge geht, wenn auch nicht eichfähig und mit Einschränkungen bei der Datenübertragung, in diese Richtung, da die Gewichtsermittlung ohne Absetzen der Last erfolgt.

Die Vorteile der Mehrteilungswaagen, die über eine Stufung des Gesamtwägebereiches bis zu drei Teilbereiche mit einer teilbereichsbezogenen Auflösung bis zu 3 000 Ziffernschritte verfügen (Bild 1.9), sind auch bei der Kommissionierung, Abfüll- und Gemengetechnologie wirtschaftlich bedeutungsvoll. Dabei kann der maximale Wägereichsverhältniswert bis 1:5 sein, beispielsweise 60 kg/ 150 kg/300 kg Wägebereich mit 20 g/50 g/100 g Ziffernschritt.

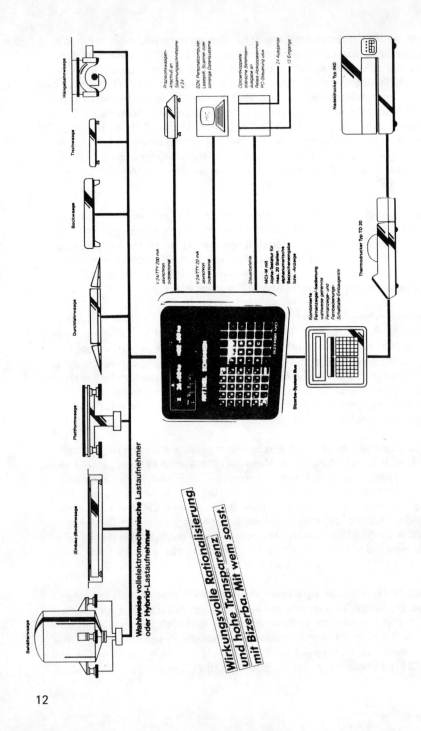

Bild 1.7: Anlagenkonfiguration zu elektromechanischen Wägeanlagen (Bizerba-Werke, Balingen)

12

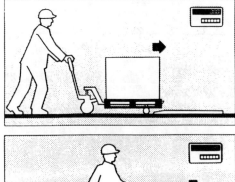

Bild 1.18:
Palettenwaage
(Toledo, Köln)

Daraus resultiert für den Anwender:

— kleinere zulässige Mindestlast (Bild 1.10), wodurch Produkte mit einem breiteren Gewichtsspektrum auf nur einer Waage gewogen und gezählt werden können;

— diese kleinere Mindestlast führt auch im Abfüll- und Dosierbereich zu einer größeren Variabilität beim Waageneinsatz und gegebenenfalls zu Waagenein-sparungen.

13

Beispiel: Plattformwaage-Wägebereich 600 kg

1.Einbereichswaage: Auflösungsvermögen: 6000 × d

$$\text{Ziffernschritt } „d" = \frac{600 \times 1000}{6000} = 100g$$

2.Dreibereichswaage: Auflösungsvermögen/Bereich: 3000 × d

1.Bereich	0 ÷ 150kg	Ziffernschritt d = 50g
2.Bereich	150 ÷ 300kg	Ziffernschritt d = 100g
3.Bereich	300 ÷ 600kg	Ziffernschritt d = 200g

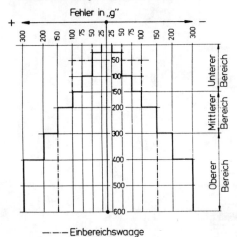

——·——— Einbereichswaage
——————— Dreibereichswaage

Bild 1.9:
Fehlergrenzvergleich: Ein-
teilungswaage-Dreiteilungs-
waage

Einteilungswaage: Wägebereich   60 kg

Ziffernschritt   d = 10 g

Dreiteilungswaage: Wägebereich   15/30/60 kg

Ziffernschritt   d = 5/10/20 g

Mindestlast für SWA nach EO 10:

Ziffernschritt „d"	Mindestlast „M_L"
1 bis 20 g	100 × d
50 bis 100 g	250 × d
≥ 500 g	500 × d
Aber nicht < $^1/_{20}$ der Höchstlast	

Mindestlast Einteilungswaage:

$M_L = 100 \times d = 100 \times 10 = 1000g \hat{=} 1kg < \frac{1}{20} \times 60 < 3kg$

Also: $M_L = \frac{1}{20} \times 60 = 3kg$

Mindestlast Dreiteilungswaage:

$M_L = 100 \times d = 100 \times 5 = 500g \hat{=} 0,5 kg < \frac{1}{20} \times 15 < 0,75kg$

Also: $M_L = \frac{1}{20} \times 15 = 0,75kg \hat{=} 750g$

Bild 1.10:
Mindestlastvergleich: Ein-
teilungs-Dreiteilungswaage

14

Eine weitere Steigerung dieser Wägebereichsspreizungen bis zu Verhältniswerten ca. 1 : 200 ist durch Doppelwaagen, umschaltbar auf eine Auswerte- und Anzeigeeinheit, gekennzeichnet. Dazu können die zwei Lastaufnehmer übereinander (Bild 1.11) oder ineinander angeordnet sein (Bild 1.12).

Bild 1.11: Lastaufnehmer — übereinander angeordnet (Wander, Osthofen)

Auf dem Wege zur Waage der Zukunft werden Wägezellen künftig als "Meterware" mit hoher Genauigkeit und unproblematischer Applikation verfügbar sein, wenn es gelingt, eine bleibende Verknüpfung zwischen der Sensor-Entwicklung und der Sensor-Anwendung herzustellen. Eine andere Entwicklung befaßt sich mit der direkten Kombination zwischen der Sensorfunktion und der Datenaufbereitung, um beispielsweise Störeinflüsse zu reduzieren.

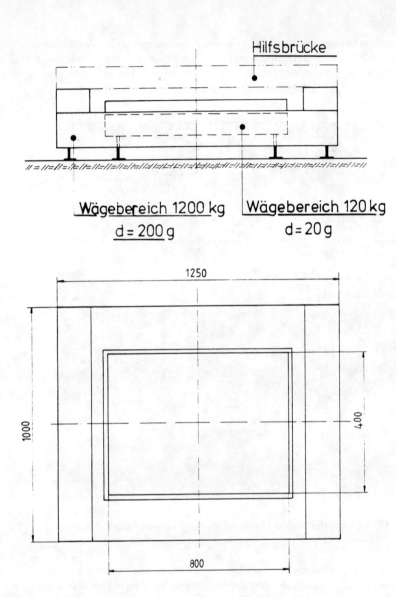

Bild 1.12: Lastaufnehmer — ineinander angeordnet

Die mit den Lastaufnahmen über Kabel verbundenen Bildschirm-Waagenterminals (Bild 1.13) haben den Status einer Betriebsdaten-Erfassungsstation oder eines Dosiercomputers. Sie verfügen durch die Mastensteuerung über eine hohe Bedienerfreundlichkeit und einen sekundenschnellen Bildwechsel. Eine variable Programmgestaltung gewährleistet beispielsweise ihren Einsatz im Gemenge-, Abfüll- und Dosierbereich mit dem Chargenprotokoll, der Rezepturverwaltung, Analysenkorrektur etc., am Werksein- und -ausgang mit der auftragsgerechten Abfertigung von Fahrzeugen und Überladungskontrollen oder in der Lagertechnik mit der Versanddisposition und Lagerwirtschaft. Eine Dialogfähigkeit mit EDV-Anlagen über Schnittstellen V24/TTY, der Anschluß von eichfähigen Druckwerken, optoentkoppelte statische Ein- und Ausgänge zur Steuerung peripherer Anlagenteile und eine Datensicherung durch Diskettenspeicherung sind möglich.

Bild 1.13: Bildschirm-Waagenterminal (Bizerba-Werke, Balingen)

Für einfache Wäge- und Zählaufgaben stehen natürlich auch preiswerte Waagenterminals in Kompaktbauweise und Schutzart IP 65, mit Taraausgleich und Taravorgabe, numerischer und Funktionstastatur, Tara- und Brutto- oder Nettogewichtsanzeige und der Anschlußmöglichkeit von Druckern oder EDV-Anlagen zur Verfügung (Bild 1.14).

Bild 1.14: Waagenterminal für einfache Abfüll- und Dosieraufgaben
(Bizerba-Werke, Balingen)

Bei den für den Ex-Betrieb geeigneten Auswerte- und Anzeigegeräten (Bild 1.15) ist die Zündschutzart "q" dahingehend erfüllt, daß die leistungsintensiven Elektronikteile in Quarz gekapselt und die Anzeige, Tastatur und Datenausgänge über Sicherheitsschaltungen eigensicher angeschlossen sind. Der Anschluß einer explosionsgeschützten Fernanzeige- und -bedieneinheit und eines entsprechenden

Relaisinterfaces zur statischen, optoentkoppelten Befehlsein- und -ausgabe ist möglich. Eine Schnittstellentrennung zur Entkoppelung von zwei Serialschnittstellen erlauben den Anschluß von Thermo- oder Nadeldruckern und eine Datenübertragung an EDV-Anlagen in explosionssicheren Bereichen.

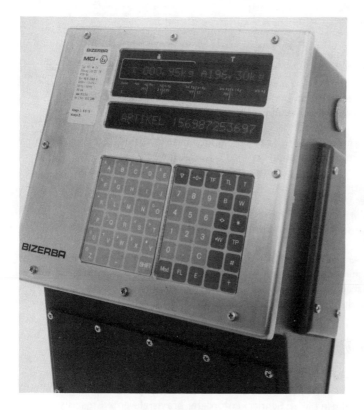

Bild 1.15: Waagenterminal in explosionsgeschützter Ausführung
(Bizerba-Werke, Balingen)

Die Dosiercomputer müssen dabei folgende Aufgaben erfüllen:

— Rezepturherstellung aus mehreren Komponenten;
— automatische Dosierung mit der Möglichkeit, manuell Komponenten zuzugeben;
— prozentuale Eingabe von Komponentenmengen, bezogen auf das Gesamtgewicht;

19

- Fehlerausschluß durch den Bediener in der Zusammensetzung durch Über- und Unterdosierung;
- hohe Leistungsfähigkeit, auch bei mehrstufiger Dosierung;
- Dokumentationsfähigkeit;
- Komponenten-Verbrauchskontrolle über mehrere Zeiträume (Statistik);
- Eichfähigkeit des Gesamtsystems;
- Stammdatenpflege (Kunden, Artikel, Rezepturen).

Die Datenaufzeichnung und -verarbeitung ist eine Information über Sachverhalte und Vorgänge und sie besteht aus Daten, Texten, Bildern, Zeichen, Sprachen oder aus einer Kombination dieser Erscheinungsformen. Die Verarbeitung derartiger Informationen kann in die Grundfunktionen Eingabe, Speicherung, Bearbeitung, Ausgabe, Übertragung zerlegt werden.

Neben der bekannten Datenaufschreibung im Klartext mit der direkten Datenübertragungsmethode werden maschinell schreib- und lesbare Schriften – als einen Informationsfluß ohne Zwischenschaltung menschlicher Befähigungen – auch im industriellen Bereich zunehmend eingesetzt. Diesbezüglich sind verschiedene Industriecodierungen (beispielsweise 2 oder 5 oder 39) bekannt, ohne den künftigen Einsatz der normierten Klarschrift OCR-A oder OCR-B (*Optical-Character Recogniton* = optisch erkennbare Schrift) unbeachtet zu lassen.

Bei der Datenverarbeitung hat sich die bidirektionale, verzögerungsfreie Korrespondenz zwischen den Wägestationen mit frei konfigurierbarer Schnittstelle und EDV-Anlagen durchgesetzt. Der zusätzliche Einsatz von Industriedruckern vor Ort erhöht die Datensicherheit.

1.4.2   Abfüllung und Dosierung von Schüttgütern

Die vielfältigen, auf dem Markt befindlichen Dosiergeräte nach Bild 1.16 bilden erst in Verbindung mit einer Waage eine gravimetrische Dosierung. Beim Dosieren kleiner Mengen haben Schneckenförderer praxisrelevante Ergebnisse erzielt, wenn die Schneckenwendel den Schüttguteigenschaften optimal angepaßt ist. Darüber hinaus sind Stellbereiche bis 1 : 30 bei einer Grob-Feindosierung erreichbar.

Entsprechend der Geometrie der Schneckenwendel unterscheidet man zwischen Voll-, Band- oder Paddelschnecken (Bild 1.17). Für gut rieselfähige und bruchunempfindliche Produkte eignet sich die Vollschnecke mit möglichen Füllungsgraden $> 1,0$ bei leicht fluidisierbaren Materialien; aber auch mit großen Dosiertoleranzen, da sich das Material schneller bewegt, als die Schneckenwendel. Kohäsive, backende, feinkörnige Produkte beherrscht die Paddelschnecke, wobei aber Füllungsgrade von $\gamma = 0.15$ durchaus realistisch sind.

Bezeich-nung	Skizze	Schüttgutspezifikation									Stell-große Grob-/Feinbe reich	Dosier-mengen-strom-schwan-gungen $\Delta \dot{m}$ (%)
		Pulver rieselfähig	Pulver fluidisierbar großes Lufthalteverm.	Pulver haltend, back. nicht fluidisierbar	Granulat hart	Granulat bruchempfindlich	Granulat plastisch verformbar	Schuppen (Folienschnitzel)	große Pulsation	kleine Pulsation		
Dosier-schnecke	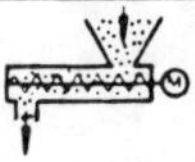	●	●	●	●	●	●	●		X	1 : 30	± 1...5
Vibrations-dosierer	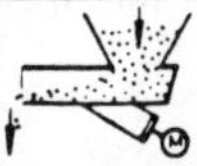	●	-	-	●	●	●	●		X	1 : 10	>± 10
Pneum. Förderrinne		●	●	-	-	-	-	-		X	1 : 5	>± 10
Band-dosierer	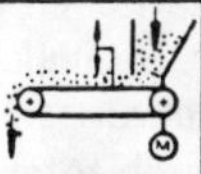	●	-	-	●	●	●	○		X	1 : 20	± 1...5
Zellenrad-schleuse		●	●	●	●	●	○	○	X		1 : 10	± 2...10
Kammer-dosierer		●	○	-	●	○	○	-	X		1 : 10	± 2...10
Drehteller-dosierer		●	-	-	●	○	-	-		X	1 : 5	± 1...5
Dosier-schieber	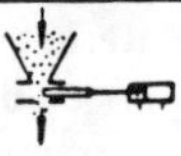	●	○	-	○	○	-	-		X	1 : 10	>± 5
Kolben-dosierer	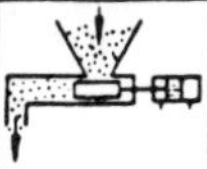	●	○	-	○	○	-	-	X	X	1 : 10	>± 5

● geeignet   ○ bedingt geeignet   - nicht geeignet

Bild 1.16: Übersicht zu Dosiergeräten für Schüttgüter

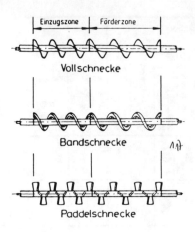

Einzugszone | Förderzone

Vollschnecke

Bandschnecke

Paddelschnecke

Bild 1.17:
Föderschnecken für Dosiersysteme

Die Dosiergenauigkeit bildet gemäß dem Bild 1.18 mit der statischen Waagen-
genauigkeit und den Umwelteinflüssen die Abfüllgenauigkeit. Bezüglich der
Wägegenauigkeit gelten die unter Punkt 1.3 gemachten Ausführungen für Waagen
in Eichqualität. Die Dosiergenauigkeit ist steigerungsfähig durch totale Entleerung des Wägebehälters, eine produktangepaßte Schneckengeometrie und
die Elimierung der Umwelteinflüsse. Maßnahmen sind beispielsweise Gummi-
Wägebehälter mit mechanischer Pulsation bzw. Auslenkung, Ausschaltung ther-
misch bedingter Luftströmungen durch gekapselte Waagen, Einbau von Digital-
filtern in die Dosiercomputer, Reduzierung der Dosiergeschwindigkeit und
Handverwiegung bei Kleinstkomponenten mit hohen Genauigkeitsansprüchen.

Für das kontinuierliche Dosieren trockener Schüttgüter sind die Banddosier-
waage und die Differentialdosierwaage prädestiniert. In "Wägen und Dosieren"
3/1985 wird als dritte Möglichkeit eine stufenlose regelbare Materialbeschik-
kung durch einen "Kontinuierlichen Gewichts-Dosierapparat", nach dem Proportionalverfahren arbeitend, besprochen (Bild 1.19).

22

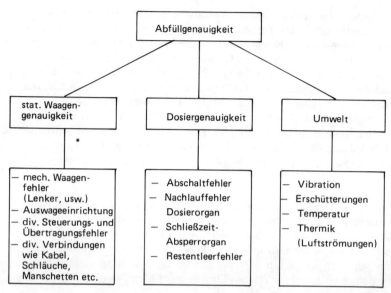

Bild 1.18: Einflüsse auf die Systemgenauigkeit bei der Chargenverwiegung

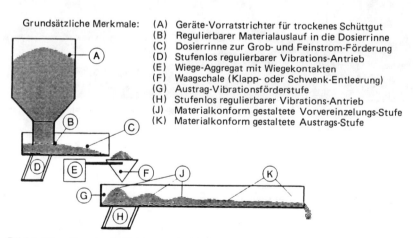

Grundsätzliche Merkmale:

(A) Geräte-Vorratstrichter für trockenes Schüttgut
(B) Regulierbarer Materialauslauf in die Dosierrinne
(C) Dosierrinne zur Grob- und Feinstrom-Förderung
(D) Stufenlos regulierbarer Vibrations-Antrieb
(E) Wiege-Aggregat mit Wiegekontakten
(F) Waagschale (Klapp- oder Schwenk-Entleerung)
(G) Austrag-Vibrationsförderstufe
(H) Stufenlos regulierbarer Vibrations-Antrieb
(J) Materialkonform gestaltete Vorvereinzelungs-Stufe
(K) Materialkonform gestaltete Austrags-Stufe

Bild 1.19: Kontinuierlicher, nach dem Proportionalverfahren arbeitender, Gewichts-Dosierapparat (Firma Eberhardt)

Aus dem materialkonform gestalteten Vorratstrichter (A) wird durch eine materialangepaßte, regulierbare Vorrichtung (B) die Materialmenge in der Dosierrinne (C) auf ein derartiges Niveau gehalten, daß im Grobstrom bis ca. 97% des Sollgewichtes und der Feinstrom-Restanteil so präzise dem Wägebehälter (F) zugeführt wird, daß beim erreichten Sollgewicht das Materialniveau am Rinnenende nachstromfrei abgebaut ist. Die Regelung der Vibrationsantriebe (D) und (H) erfolgt stufenlos über Phasenanschnitt-Steuerung und der Förderstrom-Geschwindigkeit bei der Dosier- und Austragrinne (C und G) durch 10 Gang-Wendelpotentiometer. In der Austrag-Förderstufe (G) fließen die in Taktsequenzen aus dem Wägebälter geschütteten Teilmengen ineinander und formen sich zu einem endlosen Materialstrom mit gleichmäßigem Niveau am Austragende (Bild 1.20).

Das Konzept des Proportional-Dosierens besteht darin, daß das jeweilige Nennschüttgewicht in zeitlich definierten Intervallen der Austragstufe (G) zugeführt wird. Dabei bestimmt man die Sollgewichtsvorgabe nach einer Formel, die den gewünschten Gesamtdurchsatz in kg/h und die dem Dosiergut entsprechende, optimale Schüttsequenz in n/min berücksichtigt. Optimal bedeutet hierbei das feste Verhältnis zwischen der Waagen-Einschwingzeit und Vereinzelungsfähigkeit des in Teilmengen geschütteten Materials.

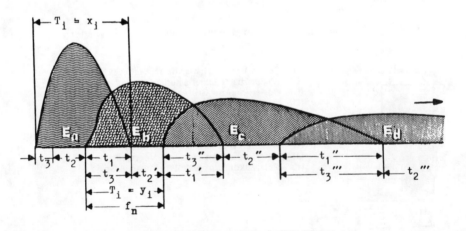

Bild 1.20: Darstellung zum Ineinanderfließen der Schüttgutmengen

1.4.3 Abfüllung und Dosierung von Flüssigkeiten

Bei den ein- oder mehrstufigen Dosierventilen schaltet eine spezielle Kegeldichtung in der Ventilspitze oder die Ausrüstung mit einer Fadenabschneidkante ein Nachtropfen bei Überspiegelabfüllungen aus. Nach dem Unterspiegel- oder Teilunterspiegelverfahren arbeitende Abfüllventile erhalten eine Tropfenabsaugung für die am Rüssel haftenden Flüssigkeitsreste.

Dreistufige Dosierventile für Grob-, Mittel- und Feinstrom verfügen über eine stufenlos einstellbare Durchflußmenge, wobei Durchflußmengen ab 1 ml/s aufwärts erreicht werden. Die Entwicklung dieser feinstdosierenden Ventile hat die Impulsdosierung ermöglicht. Dazu stellt der Mikrocomputer die Differenz zwischen dem programmierten Sollgewicht und dem Abfüllistgewicht als Nachstromkorrekturwert fest. Das Differenzgewicht wird in praxisbezogene, impulsanteilige Gewichtswerte aufgeteilt, woraus sich die Impulszahl für die Korrekturphase ergibt. Danach arbeitet die Impulsdosierung bis zum Erreichen des Sollgewichtes.

Eine Weiterentwicklung der Impulsdosierung ist die Dosierung nach dem Proportionalverfahren. Die Basis bildet die schnelle Erfassung und Auswertung der Gewichtsänderung "ΔG" in Abhängigkeit von der Zeit "t" und die daraus resultierende, möglichst stufenlose Steuerung des Dosierventils. Die zugeführte Menge pro Zeiteinheit wird also mit Näherung an den programmierten Sollgewichtswert in einem proportionalen Verhältnis durch entsprechende Steuerung des Dosierventils reduziert.

1.5 Einsatz- und Anwendungsbeispiele

1.5.1 Grundlegende Betrachtungen

Eingangs meiner praxisrelevanten Ausführungen sollte die Definition einiger Grundbegriffe und ihre Beziehungen gestellt und daraus resultierend die Themengruppierung gesetzt werden.

Zur Gemengebildung sind drei Prozeßarten bekannt:

- Beim Chargenprozeß erfolgt die Zuteilung der Komponenten in ein Wägegefäß hintereinander, entsprechend der Rezeptur mit anschließendem Mischprozeß und nachfolgender gravimetrischer Abfüllung oder der mit einer Waage ausgerüstete Mischer übernimmt die sollgewichtsgerechte Stoffsortenzuteilung, das Mischen und das Abfüllen nach dem Entnahmeverfahren (Bild 1.21). Die Wahl des Ein- oder Zweiwaagensystems ist vom Einzelkomponentengewicht, Chargengewicht, Abfüllgewicht, von der Lastaufnehmerqualität und von den Zuordnungsmöglichkeiten der Geräte abhängig.

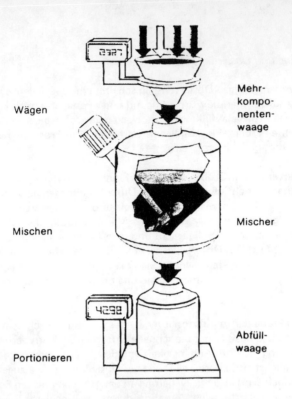

Wägen

Mischen

Portionieren

Mehr-
kompo-
nenten-
waage

Mischer

Abfüll-
waage

Zusammenfassen der Funktionen:

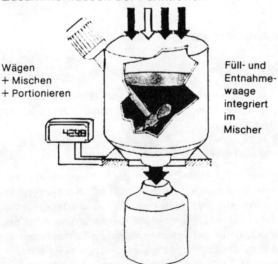

Wägen
+ Mischen
+ Portionieren

Füll- und
Entnahme-
waage
integriert
im
Mischer

Bild 1.21: Möglichkeiten zur gravimetrischen Gemengebildung und Abfüllung
(nach: Schenk, Darmstadt)

- Beim kontinuierlichen Prozeß werden die Komponenten gleichzeitig in einem Rezeptverhältnis in kontinuierlichem Strom in einen kontinuierlichen Mischer gefördert.

- Beim gemischten Prozeß werden Vormischungen im Chargenbetrieb erstellt und danach mit anderen Komponenten nach dem kontinuierlichen Verfahren weiterverarbeitet.

Während diese Mischprozesse eine gesicherte gewichtsanteilige Zuführung der beteiligen Stoffsorten voraussetzen, wird unter "Abfüllung" das gravimetrische Aufteilen einer Stoffmenge in kleinere Teilmengen verstanden. Dabei kann — entsprechend Bild 1.22 — das Produkt und Gebinde zur Waage oder die Waage mit dem Gebinde zum Produkt disponiert werden. In beiden Fällen wird zur Realisierung prozentual oder gravimetrisch konstanter Abfüllmengen eine Reduzierung des Mengenstromes während der Endphase des Zuteilvorgangs durchgeführt. Man kann diese Verfahrensstufe als "Dosieren" bezeichnen.

Produkt zur Waage:

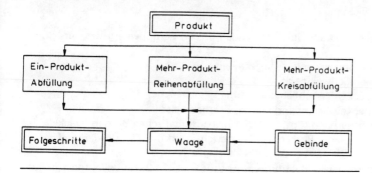

Waage zum Produkt:

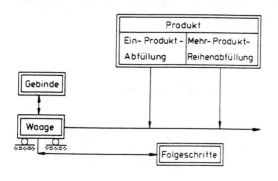

Bild 1.22:
Zuordnungsmöglich-
keiten bei Abfüll-
anlagen

27

1.5.2 Abfüllanlagen — Produkt zur Waage

Einprodukt-Abfüllinien arbeiten im Bereich von Kleingebinden bis zu 200 l-Fässern mit stationären Abfüllsäulen, integrierten Lastaufnahmen mit Dosiercomputern bis zu dreistufiger Betriebsart, automatischem Gebindetransport und einer weitergehenden Verselbständigung der Folgeschritte. Sie sind, entsprechend dem Bild 1.23 nach dem Baukastenprinzip — auch für den Ex-Bereich — aufwärts konfigurierbar und bestehen im Grundkonzept aus folgenden Baueinheiten:

1 Leergebinde-Zufuhrband
2 Stopper
3 Pusher
4 Taktförderer
5 Füllstation
6 Waage mit Dosiercomputer im Steuerpult 9
7 Aufstellbock für Waage
8 Auslauf-Rollenförderer
9 Steuerung

Die Grundausrüstung kann durch folgende Funktionsgruppen ergänzt werden:

21 Siegelfoliensortier- und -auflegeeinheit
22 Siegelfolien-Schweißgerät
23 Schraubdeckel-Verschließeinrichtung
24 Schraubdeckel-Zufuhreinrichtung, alternativ als:
   a) Kleinförderband (Pos. 24.1) für halbautomatischen Betrieb (Deckel werden von der Bedienperson lagerichtig auf das Kleinförderband gelegt)
   b) Deckelsortier- und -zufuhreinrichtung (Pos. 24.2) für vollautomatischen Betrieb
25 Zufuhr- und Auflegeeinrichtung für Blech- oder Kunststoffdeckel bei oben offenen Dosen oder Eimern, einschließlich Magazin (nicht im Bild gezeigt)
26 Verschließeinrichtung für Blech- oder Kunststoffdeckel, pneumatische Eindrücker oder motorisch angetriebener Deckelaufroller (nicht im Bild gezeigt)
27 Etikettiereinrichtung

Neben diesen füllanlagenspezifischen Fumktionsgruppen sind weitere Baueinheiten integrierbar, beispielsweise:

— Produktzuführung durch Pumpen, Filter, Rohr- und Schlauchleitungen
— Weitertransport- und Verpackungseinrichtungen durch Kartonverpacker, Palettiereinrichtungen, Schrumpf- oder Stretcheinrichtungen, Förderer usw.

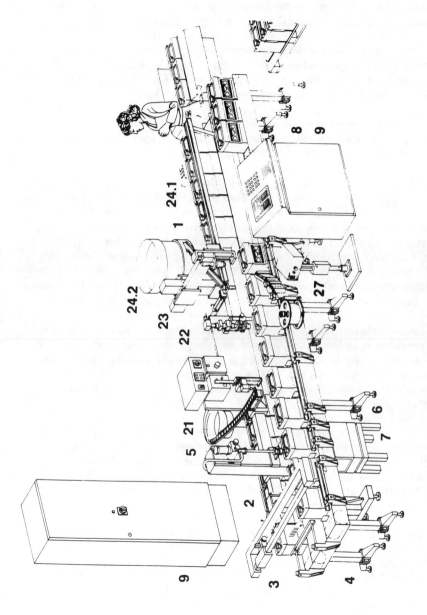

Bild 1.23: Ausbaufähige Einprodukt-Abfüllinie (Titus Schoch, Horb/Neckar)

Diese Wägestationen sind mit mikroprozessorgesteuerten Dosiercomputern mit alphanummerischer Tastatur zur Eingabe und Speicherung der Abfüllsollgewichte und zur Steuerung des Grob-, Mittel- und Feinstroms, bei Berücksichtigung der zugeordneten Toleranzgrenzen, ausgerüstet. Sie sind in den gesamten Verfahrensablauf integriert und die Dosiercomputer arbeiten über optoentkoppelte Ein- und Ausgabeeinheiten mit der Steuerungsperpherie zusammen. Das gilt auch für einen Datenverkehr mit übergeordneten EDV-Anlagen, der über frei konfigurierbare Schnittstellen abgewickelt werden kann.

Bei manueller Leergebindeauflage und Vollgebindeentnahme strebt man ein Nebeneinanderliegen der zwei Förderabschnitte an, um materialflußtechnisch und personell optimal arbeiten zu können.

Auf der automatischen, eichfähigen Faßfüllanlage (Bild 1.24) für Tandembetrieb werden 240 Fässer zu je 200 l und je Stunde abgefertigt. Nach dem Öffenen und Verclinchen der Spundlöcher (1 und 2) der paarweise einlaufenden Fässer werden in Pos. 3 die Spundlöcher ausgerichtet, in Pos. 4 die parallele Befüllung auf zwei Waagen im Grob- und Feinstrom sollgewichtsgerecht durchgeführt, in der Pos. 6 die Verschraubung, in der Pos. 7 die Verclinchung des Spundloches vorgenommen, in Pos. 8 jedes Gebinde am Umfang mit dem Nettogewicht und den begleitenden Daten rollsigniert, in der Pos. 9 vierstückweise palettiert und in der zehnten Position durch einen Paletten-Hublift zweilagig gestapelt (Bild 1.25).

In der Verschließstation werden die manuell aufgelegten Verschraubungen ebenso verschlossen, während die Clinchkappen selbsttätig zugeführt und — mit oder ohne Plombierung zur Qualitätssicherung — auf die Verschraubung gesetzt werden. Das Palettenmagazin faßt 15 Leerpaletten und Sensoren kontrollieren die Leerfaß- und Leerpalettenzufuhr und signalisieren einen Leerpaletten- und Verschlußkappenmindestbestand.

An den Füllstationen sind selbsttätige Waagen zum Abwägen (SWA) — also mit automatischer Sollwertkontrolle und Nachstromregelung — eingesetzt. Der Ziffernschritt von 50 : 50 g gewährleistet über die zugelassene Mindestlast von $250 \times d = 250 \times 0,05 = 12,5$ kg einen Wägebereich von 12,5 kg bis 250 kg. Nach der EO 10/9.3 beträgt die Eichfehlergrenze bei 200 kg Füllgewicht ± 2 g je kg Füllgewicht, also $\pm 200 \times 2 = \pm 400$ g.

Dosierzentren und ihre Integration in Abfüll- oder Mischlinien nach Bild 1.26 sparen Raum, ermöglichen die Herstellung von Mischungen nach gravimetrischen oder prozentualen Stoffanteilen, sparen bei Einkomponenten-Abfüllungen mit häufigem Produktwechsel Zeit und Kosten gegeüber Zapfstellenblöcken mit wechselbarer flexibler Schlauchverbindung und erlauben ein Mehrfaches an Produktbevorratung.

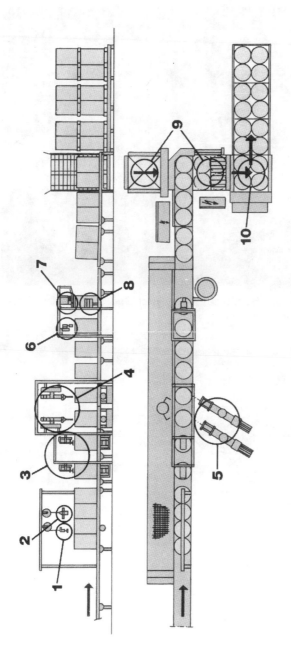

Bild 1.24: Automatische Faßabfüllanlage (Netzsch-Newamatic, Waldkraiburg), Erläuterung s. S. 30

Bild 1.25: Paletten-Hublift zur Anlage nach Bild 1.24 (Netzsch-Newamatic Waldkraiburg)

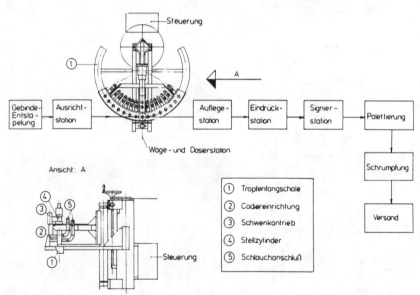

Bild 1.26: Dosierzentrum bis zu 50 Stoffsorten (Titus Schoch, Horb/Neckar)

Auf einer Kreisbahn sind der Stoffsortenzahl entsprechende Dosierventile angeordent (bis zu 50 Stück gebaut) und über flexible Schläuche mit den stationären Produktleitungen verbunden. Das gewählte Ventil wird durch den Schwenkantrieb auf der Kreisbahn in die Abfüllposition gefahren und dort mit einem Stellzylinder gekoppelt.

Darunter ist die Waage — in einem Horizontalfördersystem integriert — angeordnet. Eine Höhenverstellbarkeit der Abfüllsysteme ermöglicht unterschiedliche Gebindehöhen, ein Nachtropfen ist durch eine schwenkbare Tropfenfangschale ausgeschaltet und die Installation von Doppelleitungen je Stoffsorte ermöglicht ein stetiges Umpumpen. Die entstapelten Gebinde erreichen getaktet die Abfüllstation und werden durch Vorwahl der Stoffnummer und des Abfüllsollgewichtes dreistufig und eichgenau befüllt. Nach dem Verschließen in der Deckelauflegestation, dem Signieren mit einem bedruckten Selbstklebeetikett erfolgt eine computergesteuerte, mehrlagige Palettierung und Verpackung.

Zur Herstellung von Mischungen aus mehreren Komponenten in einem Gebinde werden die im Waagenterminal gespeicherten Rezepte mit der Anwahl der Rezeptnummer aktiviert und nacheinander selbsttätig abgearbeitet.

1.5.3   Abfüllanlagen — Waage zum Produkt

Derartige Anlagenkonzepte sind vornehmlich bei der Mehrproduktabfüllung zur Bildung von Gemischen anzutreffen, wobei die in Reihe angeordneten Vorratsbehälter mit den Dosierventilen programmgesteuert oder manuell zwangsgesteuert durch eine fahrbare schienengebundene Waage abgefahren werden. Die Abfüllanlage in Reihenbauweise nach Bild 1.27 ist für die Bildung von Flüssigkeitsmischungen aus bis zu 15 Stoffsorten ausgelegt. Um ein Sedimentieren der bevorrateten Produkte auszuschalten, ist jeder Behälter mit einem Rührwerk bestückt. Die Rezeptdaten (Stoffsorten oder Behälter-Nr., Abfüllsollgewichte, Toleranzgrenzen) sind rezeptbezogen im mitfahrenden Mehrkomponenten-Dosiercomputer gespeichert, werden durch Anwahl der Rezeptnummer aktiviert und in der Bedienerführung angezeigt. Die genaue und rezeptgetreue Waagenpositionierung wird durch schalterbestückte Rastervorrichtungen entlang der Fahrstrecke erreicht, die somit einen Dosierstart erst ermöglichen, wenn die Waage richtig positioniert und gegen Horizontalbewegungen gesichert ist. Zur Verbesserung der Fließeigenschaften hochviskoser Produkte können die Dosierorgane mit einem Heizmantel ausgerüstet werden.

Bild 1.27: Abfüllanlage in Reihenbauweise mit fahrbarer Waage (Bizerba-Werke, Balingen u. Titus Schoch, Horb/Neckar)

Eine Komplettierung mit einer selbsttätigen Gebindezu- und -abfuhr, Deckelauflege- und -verschließeinrichtung, Signierung, Palettierung, Stapelung und mehr ist möglich.

1.5.4 Gemengeanlage für faserverstärkte Kunststoffprodukte

Nach dem Verfahrens- und Materialflußschema (Bild 1.28) besteht die Gemengeanlage aus

— der Rohstoffaufgabe, Silo- und Tankbevorratung,
— der Dosier-, Wäge- und Hauptmischanlage,
— der Dosier-, Wäge- und Feinmischanlage,
— der Zentralsteueranlage mit dem Leit- und Dosiersystem.

Die mit Tankwagen angelieferten Schüttgüter werden pneumatisch in die Vorratsilos gefördert und von dort zyklusweise den Tagessilos im Dosier-, Wäge- und Mischbereich überstellt. Eine automatisch arbeitende Sackaufgabestation für eine Leistung von 200 Sack/h und mit Aufgabetrichter, Entstaubungsfilter,

34

Leersackverdichter, Schleudersiebmaschine, Auslauftrichter und Palettenhub-
einrichtung ausgerüstet, übernimmt die Sackware und fördert den Inhalt ebenfalls pneumatisch in kleinere Tagessilos des vorgenannten Bereiches.

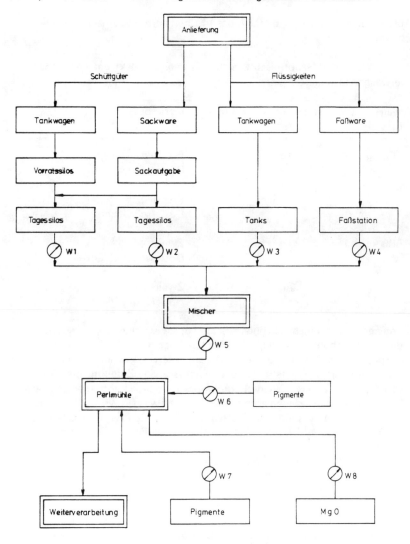

Bild 1.28: Verfahrens-, Materialfluß- und Waageeinsatzschema zur Herstellung faserverstärkter Kunststoffprodukte (BWR, Rastatt)

Die mit Tankfahrzeugen angelieferten Harze werden durch Umpumpen in vertikalen Tanks gelagert, während flüssige Kleinkomponenten in Fässern verfügbar sind.

Die Anlagenleistung beträgt ca. 10 t/h bei 14 Chargen/h und einem Chargengewicht von 750 kg.

Im Dosier-, Wäge- und Hauptmischbereich sind folgende elektromechanische Behälterwaagen installiert.

Nr.	Wäge-bereich	Ziffern-schritt	Komp.-zahl	Dosierorgan
W1	500 kg	200 g	4	Frequenzgeregelte Dosierschnecken
W2	60 kg	20 g	6	Frequenzgeregelte Dosierschnecken
W3	500 kg	200 g	6	Zweistufen-Dosierventil NW 40
W4	6 kg	2 g	6	Zweistufen-Dosierventil NW 15

Das Gemenge wird in einem Turbulenz-Schnellmischer hergestellt. Das Kernstück der Feinmischanlage ist die Perlmühle mit Regelfunktion, in der das Ausgangsprodukt als flüssiger Kunststoff für die faserverstärkten Kunststoffmatten als Halbfabrikat entsteht. Für die gewichtsgenaue Zuteilung der Grundpaste, der Pigmente und der Magnesiumoxydpaste sind die kontinuierlich, nach dem Prinzip der Abzugswägung arbeitenden Behälterwaagen W5 bis W8 eingesetzt. Für den Abzug der pasttösen Stoffe mit Viskositäten zwischen 5 000 und 50 000 cP befinden sich am Behälterauslauf installierte, gleichstromregelbare Zahnradpumpen.
Die Waage W5 verfügt über einen Anzeigebereich von 4 000 kg/h bei einem Ziffernschritt von 2 kg/h und die Waage W6 bis W8 haben 60 bis 150 kg/h Anzeigebereich bei 0,1 kg/h Ziffernschritt.

Entsprechend dem Bild 1.29 ist die Steuerung in das Leitsystem und Dosiersystem gegliedert. Im Leitsystem werden die Grundrezepte, der Dosierplan, die Waagen- und Silospezifikation, die Material- und Lagerverwaltung bearbeitet. Das Arbeiten am Bildschirm erfolgt menügesteuert, das heißt, nach dem Einschalten der Anlage und der Eingabe des Datums und der Uhrzeit wird ein Hauptmenü aufgerufen. Das Leitsystem ist mit dem Dosiersystem über eine

V24-Schnittstelle verbunden und kommuniziert ständig mit den Soll- und Ist-
werten und den Dosierparametern. Mit dem Dosiersystem werden die diskontinuierlichen Waagen W1 bis W4 und die nach dem Entnahmeverfahren kontinuierlich arbeitenden Waagen W5 bis W8, der Hauptmischer, die Perlmühle, die
Materialverteilung auf die Perlmühle und der Transport zur Weiterverarbeitung
gesteuert. Bei Ausfall des Leitsystems ist das Dosiersystem in der Lage, bis zu
10 Rezepte zu speichern und selbständig zu dosieren.

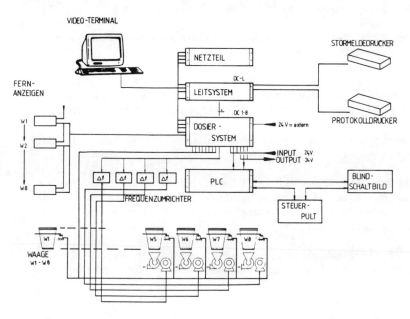

Bild 1.29:   Aufbau der Steuerung zur Anlage nach Bild 1.28 (BWR, Rastatt)

1.5.5   Mehrkomponenten-Abfüllanlage für den Chemie-Großhandel

Bei dem Anlagekonzept nach Bild 1.30 werden Flüssigmischungen nach dem
Unterspiegel-Abfüllverfahren in 200 l-Fässern gravimetrisch zusammengestellt.
Die Abfüllung erfolgt im ex-gefährdeten Bereich mit maximal sechs aus zwölf
möglichen Stoffsorten auf einer selbsttätigen Waage zum Abwägen (SWA).
Demnach sind in den Ventilmagazinen 12 Dosierventile mit flexibler Schlauchverbindung zu den Vorratsbehältern gelagert. Die Abfüllanlage korrespondiert
mit einem Zentralrechner, der die Rezepte und komponentenbezogenen. prozentualen Gewichtsanteile gespeichert hat.

— Der Bediener gibt am Waagen-Dosiercomputer die Rezeptnummer und das Mischungssollgewicht ein.

— Der Rechner bringt das Abfüllsollgewicht der ersten Stoffsorte mit den Toleranzwerten und der Ventilnummer im Dosiercomputer zur Anzeige.

— Der Bediener setzt das aufgerufene Ventil ein, bringt das Gebinde in Füllposition und startet den zweistufigen Füllvorgang.

— Den Einsatz des richtigen Dosierventils überwachen Belegmelder, wodurch bei Falschentnahme der Start gesperrt wird.

— Nach der Erstkomponentenabfüllung mit Toleranzkontrolle fährt das Ventil in die obere Ausgangsposition, der Rechner erhält von der Waage das Abfüllistgewicht und gibt die Daten für die Abfüllung der nächsten Stoffsorte vor.

— Entsprechend der vorbeschriebenen Verfahrensweise wird das Rezept bis zur vorletzten Stoffsorte abgearbeitet.

— Danach ermittelt der Rechner die Gewichtsgröße der letzten Stoffsorte aus dem momentanen Gesamtistgewicht und dem Mischungssollgewicht und gibt diesen Wert als Abfüllsollgewicht mit den begleitenden Daten in der Waage vor.

— Nach der Faßbefüllung folgt die nach der Eichordnung für selbsttätige Waagen vorgeschriebene Toleranzkontrolle, bezogen auf die Einzelabfüllung der letzten Stoffsorte.

1.5.6 Wäge- und Gemengetechnik zur Herstellung synthetischer Metalle

Die Abfüll- und Dosieranlage nach Bild 1.31 ist für die gravimetrische Gemengebildung aus max. 6 schüttgutartigen Produkten, auf der Grundlage von 15 möglichen Rezepten konzipiert. Sie besteht aus sechs Vorratsbehältern mit Doppelschnecken-Dosiergeräten und pneumatisch betätigtem Schneckenverschluß, einem fahrbaren Lastaufnehmer als Bestandteil der Wägeeinrichtung, mit rezeptentsprechender und abgesicherter Positionierung und mit Kabelschleppsystem für die Netzeinspeisung und Übertragung des gewichtsbezogenen Meßsignals an das stationäre Bildschirm-Waagenterminal (Dosiercomputer), der pneumatischen und elektrischen Steuerung.

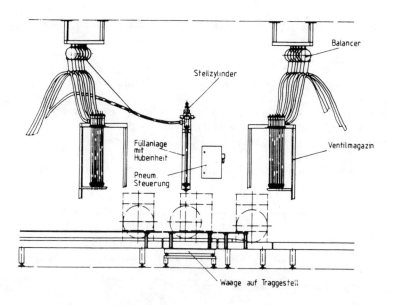

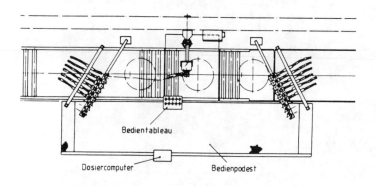

Bild 1.30: Mehrkomponenten-Abfüllanlage für den Chemie-Großhandel
(Vossmerbäumer, Bottrop u. Titus Schoch, Horb/Neckar)

— Der Bediener stellt den mobilen Dosierbehälter auf den Lastaufnehmer, wählt
am Dosiercomputer die Rezept-Nr. und erhält auf dem Bildschirm den kompletten Rezeptblock mit Stoffsorten- bzw. Vorratsbehälter-Nr., Abfüllsollgewicht und den zulässigen Toleranzgrenzen.

- Eine stoffsortenbezogene Blinklampe zeigt dem Bediener die erste Abfüllposition an.

- Der Lastaufnehmer wird in die angezeigte Abfüllposition gefahren, bei richtiger Anwahl arretiert und das Blinklicht wechselt in Dauerlicht.

- Nach dem Dosierstart wird die erste Stoffsorte im Grob-/Feinstrom abgefüllt und nach der Toleranzkontrolle wird das Abfüllistgewicht zur internen Dokumentation an einen Drucker und an die EDV übertragen.

- Das Rezept wird über eine Curser-Führung im Bildschirm-Waagenterminal abgearbeitet.

- Anschließend folgt die Übergabe des mobilen Wägebehälters an den Mischer.

Bei diesem Anlagenkonzept geht die Entwicklungsrichtung des Bildschirm-Waagenterminals zum Personalcomputer, eine zukunftsweisende Erscheinung.

Bild 1.31: Abfüll- und Dosieranlage zur Herstellung synthetischer Metalle

1.5.7 Abfüll- und Dosierstation mit einem Doppel-Waagensystem

Aufgrund des breiten Gewichts- und Sortenspektrums der abzufüllenden Stoffe ist die Abfüllanlage nach dem Bild 1.32 mit zwei Wägeplattformen (Lastaufnahmen) und einem Ventilblock mit sechs Ventilen, entsprechend der maximalen Stoffsortenzahl je Rezept, ausgerüstet. Der obere schwenkbare Lastaufnehmer (Wägebereich 30 kg, Ziffernschritt 5 g für Kleinkomponenten) und der stationäre Lastaufnehmer (Wägebereich 1.200 kg, Ziffernschritt 200 g für grössere Komponenten) sind zentral in der Abfüllachse positioniert und wahlweise auf einen mikroprozessorgesteuerten Dosiercomputer umschaltbar. Diese Geräte in explosionsgeschützter Ausführung sind in der ex-gefährdeten Zone angeordnet, während die anderen peripheren Baugruppen, wie speicherprogrammierbare Steuerung (SPS), Personalcomputer (PC), Protokolldrucker etc. im ex-sicheren Raum plaziert und über Schnittstellentrenner abgesichert sind.

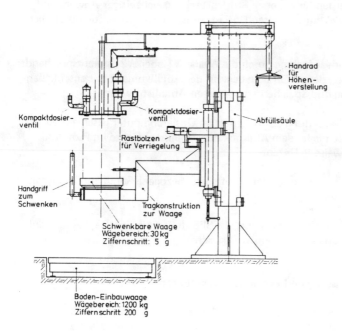

Bild 1.32: Abfüll- und Dosierstation nach dem Doppel-Waagensystem

Verfahrensablauf:

— Die zu verarbeitenden Rezepte mit bis zu 6 Stoffsorten sind unter einer
Rezeptnummer prozentualanteilig zum Chargengewicht im Personalcomputer
gespeichert.

— Am Dosiercomputer gibt der Bediener die Rezeptnummer und das Chargen-
sollgewicht zur Übertragung an den Rechner ein.

— Nach der Rezeptaktivierung legt der Rechner die Stoffsorten, Stoffsorten-
gewichte, Vorhaltewerte für Grob-, Mittel- und Feinstrom, erforderlichen-
falls die Toleranzgrenzgewichte und — je nach Chargengröße — die Waage W1
oder W2 fest.

— Diese Daten werden für die erste Stoffsorte, bei gleichzeitiger Anwahl und
Positionierung des zugeordneten Dosierventils, an den Dosiercomputer übertragen.

— Nach der Gebindeaufnahme durch die Waage W1 oder W2 und entsprechender
Höheneinstellung der Abfüllsäule beginnt der Abfüllvorgang mit anschließender Übertragung und Speicherung des ersten Abfüllistgewichtes.

— Die folgende Abarbeitung des Rezeptes im Dosiercomputer geschieht automatisch mit abschließendem Abdruck der Abfüllistgewichte im Protokolldrucker, zeilenweise je Rezept.

— Eine rezeptgebundene und totale, stoffsortenbezogene Summenbildung mit
Abdruck ist möglich.

— Entsprechende Verriegelungen über die SPS stellen die richtige Waagenwahl,
Gebindezuordnung und Höhenstellung sicher.

1.6 Zusammenfassung und Zukunftsbetrachtungen

Rationelle Produktions- und Verfahrensabläufe sind Grundlage und Zukunft
einer ökonomischen Industrie. Dabei ist das Gewicht als materialwirtschaftlicher
und qualitätssichernder Faktor zu einer bedeutenden Rechen- und Führungsgröße geworden und in Datenverbundsysteme integriert. Die besprochenen Ein-
satzbeispiele, als kleiner Ausschnitt aus einem vielfältigen Anwendungsspektrum,
beweisen die Variabilität und Modularität der heutigen mikroprozessorgesteuerten Wäge- und Datensysteme.

Im Bereich der Lastaufnahmen geht die Entwicklung zunehmend in Richtung der direkten Lasteinleitung mit einer oder mehreren Wägezellen. Bildschirm-Waagenterminals werden dazu beitragen, den Informationsaustausch zwischen dem Wägesystem und dem Operateur zu verbessern und zu sichern. Durch die Aufnahme und Verarbeitung nicht nur gewichtsgebundener sondern auch gewichtsperipherer Größen wird die Waage zur komplexen Betriebsdaten-Erfassungsstation. Konfigurierbare Schnittstellen unterstützen die Kommunikationsmöglichkeiten bei abgrenzbarem Software-Aufwand.

Der stetig zunehmende wäge- und datentechnische Anwendungsbereich verlangt von den Waageherstellern ein umfangreiches Wissen auf den Gebieten Materialwirtschaft, Verfahrens- und Produktionstechnik, Lager-, Förder- und Distributionssystematik und dergleichen. Eine entsprechende personelle Integration ist darum angezeigt, um optimale Ergebnisse zu erzielen.

2 Das Produktionsleitsystem in der Gemenge- und Dosiertechnologie

H. Heßdörfer

2.1 Einleitung

- Permanente Kostensteigerung bei Material und Personal,
- verstärkt kritisches Qualitätsbewußtsein des Verbrauchers,
- strengere gesetzliche Auflagen,
- erhöhtes Sicherheitsbedürfnis bei der Produktion,

dies sind Kennzeichen insbesondere der Branchen Pharmazie, Chemie, Kosmetika, Kautschuk/Gummi und auch Nahrungsmittel. Für alle Unternehmen wird daher der Zwang zur Überwachung und Steuerung aller Produktionsabläufe zunehmen. Unter Berücksichtigung der vorgeschriebenen Dokumentation in der Produktion ist dieser Verwaltungsaufwand ohne EDV-Anlagen kaum noch zu bewältigen.

Hierfür stehen unterschiedliche Computersysteme zur Verfügung, die sich je nach Einsatzzweck (Produktionsplanung, Betriebsdatenerfassung, Prozeßsteuerung, usw.) unterscheiden. Nachfolgend werden diese Unterschiede zunächst kurz aufgezeigt.

Betrachtet man die Betriebsdatenerfassungssysteme der letzten 15 Jahre, so kann man drei grobe Entwicklungsstufen erkennen:

Stufe 1: Datensammelsysteme,
d.h. die BDE-Daten werden auf Magnetbändern, Papierscheiben o.ä. aufgezeichnet und später an anderer Stelle ausgewertet.

Stufe 2: offene Informationssysteme,
hier werden alle BDE-Daten von speziellen Systemen direkt erfaßt und sofort zu Schichtprotokollen, Auftragsabschlußprotokollen usw. ausgewertet.

Stufe 3: geschlossene Informationssysteme,
in diesen werden die Informationen sofort auf Soll-Ist-Abweichungen überprüft und den davon betroffenen Betriebsabteilungen mitgeteilt, so daß diese in die Lage versetzt werden, Änderungen im Betriebsablauf zu veranlassen.

Für Systeme der Stufe 3 setzt sich zunehmend die Bezeichnung "Produktionsleitsystem" (PLS) oder auch "Fertigungsleitsystem" (FLS) durch. Im PLS ist die BDE eigentlich nur noch die Basis für die Steuerung des Fertigungsablaufes. In Ergänzung des Produktionsplanungssystemes (PPS) übernimmt das PLS auch die zeitgenaue Feinplanung und -steuerung (siehe Bild 2.1).

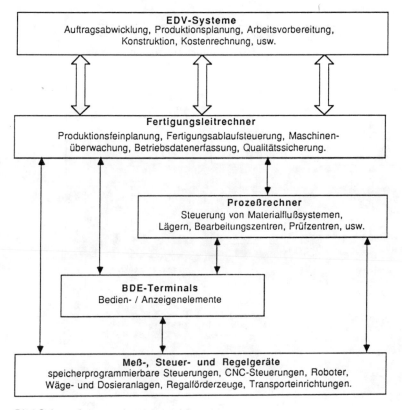

Bild 2.1:   Automationshierarchie

Bei Neuplanungen von Fertigungsautomationssystemen ist es daher jedem Anwender zu empfehlen, das Ziel des "geschlossenen Produktionsregelkreises" (siehe Bild 2.2) im Auge zu behalten.

Dies bedeutet nicht nur eine Kopplung von Rechnern, (was vielfach noch als CIM dargestellt wird), sondern eine klare Funktionszuordnung pro Regelkreis.

45

In diesem Sinne ist das Fertigungsleitsystem ein integratives Subsystem, welches

– bezogen auf die Auftragsdaten einen Regelkreis mit dem PPS-System,

– bezogen auf die technologischen Daten einen Regelkreis mit dem Gemenge-
  und Dosieranlagensystem, den Prozeßrechnern für spezielle Aufgaben usw.

bildet.

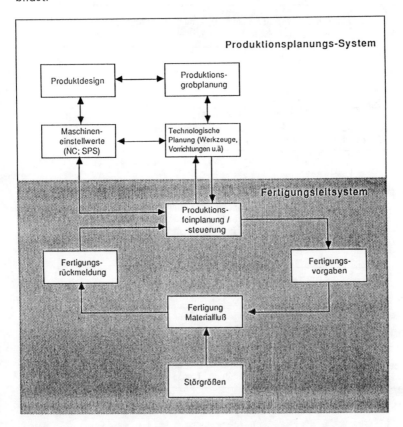

Bild 2.2:   Der geschlossene Produktionsregelkreis

Wichtig ist bei der Differenzierung zwischen Produktionsplanungs- und Produktionsleitsystem folgender Hinweis:

a. die *Qualität* einer Kostenrechnung hängt von der *Qualität* der Informationen
   ab,

46

b. die *Qualität* einer Betriebssteuerung hängt von der *Qualität* und von dem *Zeitpunkt* der Informationen ab.

Somit ist ein Produktionsleitsystem stets ein Echtzeitsystem zur Durchsetzung der von der Planungsebene vorgegebenen Anweisungen. Das PLS stellt die Auftragsbearbeitung, die Maschinenbelegung und die Optimierung der Kapazitätsauslastung trotz Störungen, Eilaufträgen usw. sicher.

Grundlage ist die *Echtzeit-Betriebsdatenerfassung* am Entstehungsort der Daten. Mengen, Zeiten, Qualitäten, Störgründe usw. werden daher direkt an der Maschine bzw. am Arbeitsplatz abgegriffen.

Ebenso wichtig sind die Datenintegrität und Datensicherheit; d.h. auch bei plötzlichem Stromausfall darf keine Inkonsistenz von Dateien auftreten.

Einige computerspezifische Unterschiede zwischen Planungs- und Durchsetzungsebene sind in Bild 2.3 gegenübergestellt.

Anforderungen an die

Planungsebene	Durchsetzungsebene
Eine Schicht 5 Tage pro Woche	3- Schicht-Betrieb max. 7 Tage pro Woche
Hohe Verarbeitungsleistung	kurze Antwortzeiten hohe Verfügbarkeit
Operator erforderlich	operatorloser, vollautomatischer Wiederanlauf nach Netzausfall
Standardschnittstellen	Schnittstellenvielfalt (Kontakte, Terminals, Waagen, Meßgeräte usw.)
Verarbeitung z.B. 1 x wöchentlich	Verarbeitung stets sofort
EDV-Systeme Aufstellung in klimatisiertem Rechenzentrum	Minicomputersysteme Aufstellung in AV, Leitstand, Produktion

Bild 2.3:   Anforderungen an die Planungsebene und Durchsetzungsebene

Ein PLS muß so konzipiert sein, daß es in zwei Varianten einsetzbar ist:

a. in großen und mittleren Unternehmen, in denen die von dem Produktionsplanungssystem vorgegebenen Anweisungen in der Produktion durchgesetzt werden sollen, als auch

b. in kleinere Unternehmen, in denen das PLS mit eigener Rezepturverwaltung standalone arbeitet.

Um flexibel an die jeweilige Organisationsumgebung angepaßt und auf Änderungen der Herstellvorschrift, des Produktionsablaufes usw. reagieren zu können, sollte das PLS nicht nur modular aufgebaut sein, sondern die Arbeitsgangstruktur unterstützen (siehe Bild 2.4).

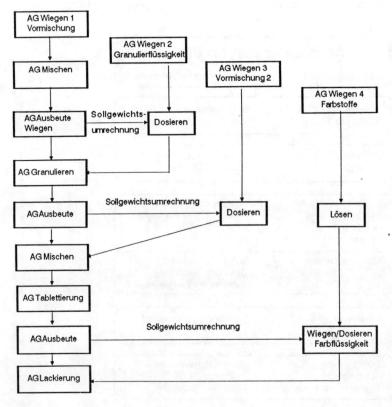

Bild 2.4: Arbeitsgangstruktur

Diese hat sich in anderen Branchen bewährt und bietet auch der o.g. Industrie die nötige Flexibilität bei der datentechnischen Abbildung der Produktionsabläufe, sowie deren Überwachung und Steuerung.

Zusammengefaßt bedeutet dies für die Produktionsstruktur der Zukunft und damit für die EDV-Unterstützung:

— Online Datenverkehr zwischen allen Produktionsanlagen und dem übergeordneten Produktionsleitrechner

— Echtzeitverarbeitung aller Daten zur sofortigen Steuerung der Betriebsabläufe

— Absicherung der Produktion und Verbesserung der Qualität durch Überwachung des genauen Einhaltens der Herstellvorschriften

— Reduktion der Begleitpapiere

— Dokumentation des gesamten Herstellablaufes.

Nachfolgend werden die wichtigsten Merkmale und Funktionen eines PLS beschrieben.

2.2 BDE-Peripherie

Um den Umfang der Arbeitsbegleitpapiere und deren Verwaltung zu reduzieren, werden intelligente Terminals in der Produktion eingesetzt bzw. Daten direkt an die Maschinen übertragen.

Direkter Maschinenanschluß

Moderne Maschinen verfügen meist schon über Schnittstellen zu übergeordneten Rechnern, so daß die Anweisungen und Einstellwerte an diese direkt übertragen werden können. Es müssen aber auch die per Dialog durch den Bediener eingegebenen Istdaten von der Maschine an den Rechner zurückgesandt werden können.

Wäge- und Dosiersysteme

Ähnlich den Verarbeitungsmaschinen müssen auch die Arbeiten an den vorgeschalteten Wäge- und Dosiersystemen eingeplant und gesteuert werden. Hierzu zählt auch die Übertragung der im PLS gespeicherten Rezepturen Arbeitsgänge an das unterlagerte System.

Qualitätssicherung

Für jeden Arbeitsgang muß die Funktion Qualitätssicherung vorgesehen werden, so daß parallel zur Fertigung Qualitätsdaten erfaßt werden können.

Die Qualitätssicherung muß aber auch als eigener Arbeitsgang mit Arbeitsbegleitpapieren (Prüfvorschriften usw.) durchgeführt werden können.

2.3 Generelle Systembedienung

Für die Dialoge in der Zentrale und in den Meisterbüros sind Bildschirmarbeitsplätze am besten geeignet. Menueübersichten erleichtern dem Praktiker den Systemdialog. Geübte Bediener überspringen diese zusätzlichen Hilfen.

Durch Plausibilitätsprüfungen während und nach der Rechnerbedienung werden mögliche Fehlereingaben auf ein Minimum reduziert.

Die Berechtigungsschlüssel pro Benutzer/Benutzerkreis legen fest

— welche Funktionen an welchem Bildschirmgerät durchgeführt werden dürfen,

— welche Benutzer welche Berechtigung haben (Password-Eingabe).

Stammdaten und Rezepturen müssen flexibel über einen Berichtsgenerator aufgelistet werden können, so daß individuelle Protokollvarianten und Statistiken mit geringem Aufwand möglich sind.

Alle Veränderungen an den Stammdaten sollten über Änderungsjournale protokolliert werden. Dieser Punkt ist speziell für die wachsenden Sicherheitsverpflichtungen in der Pharma-Produktion aber auch z.B. für die Herstellberichte der Automobilzulieferer notwendig.

Die Bedienerführung vor Ort erfolgt über numerische oder alphanumerische Tastaturen an den Waagen mit einzeiliger Anzeige oder auch mit kompletten Bildschirmanzeigen.

Bei Verwendung von Bildschirmmonitoren vor Ort ist es möglich, komplette Rezepturen anzuzeigen bzw. komplexe Arbeitsanweisungen und Qualitäts- kontrollanweisungen an den Produktionsanlagen direkt sichtbar zu machen. Die Bedienereingaben werden sofort auf Plausibilität geprüft, so daß Bedienungs- fehler sofort erkannt werden.

2.4 Produktionsablaufsteuerung

2.4.1 Einwaage-Arbeitsgang

Bei der Einwaage hat der Bediener die Möglichkeit, zwischen arbeitsgang- oder rohstoffbezogenem Ablauf zu wählen.

Bei der arbeitsgangbezogenen Einwaage werden nach Anwahl/Eingabe einer Arbeitsgangnummer alle offenen Wiegepositionen für diesen Arbeitsplatz zur Auswahl bereitgestellt. Bei der rohstoffbezogenen Wiegung werden analog alle offenen Positionen dieses Arbeitsplatzes für diesen Rohstoff bereitgestellt.

Nach Eingabe/Einlesen des Gebinde-Etikettes (Rohstoff + Chargen-Nummer) sendet PLS das (in Abhängigkeit von den Korrektur-Faktoren umgerechnete) Soll-Gewicht an das Wiege- und Dosier-Terminal. Das Soll-Gewicht kann durch eine Toleranzangabe und einen Waagentyp-Vorschlag ergänzt sein, der jedoch geändert werden darf. Die Toleranz ist waagentypabhängig.

Nach erfolgreicher Einwaage werden

— das Ergebnis in der Arbeitsgang-Datei vermerkt
— ein Etikett gedruckt
— die eingewogene Menge auf dem (entsprechenden Anbruch-) Lager abgebucht (Option Lagerverwaltung)
— bei Bestandsgewinn eine Warnung ausgegeben; der Wert wird jedoch akzeptiert (Option Lagerverwaltung)
— der Arbeitsgang auf Vollständigkeit geprüft und ggf. beendet mit Protokoll- ausdruck und Freigabe des Folge-Arbeitsganges
— die nächste Position angeboten, bzw. der nächste Arbeitsgang oder Rohstoff erfragt.

Folgende Funktionen können separat ausgelöst werden:

— *Anmelden des Bedieners*

— *Abmelden des Bedieners*
damit werden keine weiteren Eingaben vor der nächsten Anmeldung
zugelassen

— *Sondereinwaage*
Wiegen ohne oder mit teilweiser Vorgabe, Etikettendruck, ggf. Eingabe der
Kostenstelle

— *Abbruch der Einwaage*
dann geschieht intern nichts, die Position muß später neu eingewogen werden

— *Chargenwechsel*
im PLS werden dann eine zweite Chargen-Nummer und ein zweites Ist-
Gewicht geführt

— *Unterbrechung der Einwaage* ggf. mit "Zwischenetikettdruck"
Teilmengen werden zwischengespeichert und beim nächsten Ansprechen
werden nur noch die Restmengen als Soll-Vorgabe am Terminal angezeigt

— *Behälterwechsel*
im System wird ein neuer Positions-Satz erzeugt, es wird ein Etikett gedruckt.

2.4.2   Einwaage ohne Auftrag

Weiterhin besteht die Möglichkeit (über Password geschützt), ohne Auftrags-
bezug einzuwiegen. Hierbei kann ein Sollgewicht vorgegeben werden. Nach der
Einwaage werden

— das Ergebnis in einer speziellen Datei vermerkt
— ein Etikett gedruckt
— die eingewogene Menge auf dem (entsprechenden Anbruch-) Lager abgebucht
(Option Lagerverwaltung).

2.4.3 Sonstige Arbeitsgänge

Neben den Einwaage-Arbeitsgängen sind in PLS als weitere eigenständige Arbeitsgänge geplant:

— *Komplettierung oder Kontrollscannen:*
Es werden die Etiketten aller Positionen eines vorherigen Wiege-Arbeitsganges eingelesen und dabei geprüft, ob alle vorhanden sind und ob alle Gebinde-Etiketten zu einem Arbeitsgang (oder mehreren) gehören.

Dies ist vor allem vor Misch-Arbeitsgängen interessant.

Falls gewünscht, kann hierbei auch eine Kontrollwiegung erfolgen.

— *Ausbeutewägungen:*
Ausbeutewägungen werden nach Arbeitsgängen wie Mischen, Vereinigen oder Granulation durchgeführt, um die Verluste, die durch Umschütten oder Trocknen entstehen, zu erfassen.

Als Konsequenz daraus können ggf. in einem Folge-Arbeitsgang die Sollgewichte umgerechnet werden.

— *Passive Arbeitsgänge*
Beliebige weitere Arbeitsgänge werden im System als "passive AG's" (AG's ohne Rückmeldung) erfaßt, d.h. sie dienen zunächst nur als Arbeitshinweise, wozu auch Sollvorgaben (z.B. Dauer und Temperatur für Granulation, Typ der Maschine oder In-Prozess-Kontrollen wie Feuchtigkeitsmessung oder Zerfalltesten) in der Rezeptur angegeben werden können.

— *Prozeßüberwachung*
Durch spezielle Anpassungen können auch Maschinen und deren Prozesse geführt und/oder überwacht werden. Dabei muß im einzelnen geklärt werden, ob die Steuerung über einen geschlossenen PC, eine unterlagerte SPS oder ein BDE-Terminal erfolgt.

Generell kann für alle Arbeitsgänge, (mit und ohne Rückmeldung) gewählt werden, ob bei Auftragsfreigabe oder bei Arbeitsgangfreigabe die Sollvorgaben als Arbeitsbegleitpapiere gedruckt werden sollen.

Nach jedem abgeschlossenen "aktiven AG" können die Ist-Werte protokolliert werden, sowohl als Teil des Herstellberichtes als auch als Information für Folge-Arbeitsgänge.

2.4.4 Zusätzliche Funktionen

Zusätzlich zu der Auftragsablaufsteuerung können die folgenden Funktionen integriert werden:

— *Anbruchlagerverwaltung*
Hiermit werden alle in der Produktion gelagerten Rohstoffe/Halbfertigwaren verwaltet und zwar jeder einzelne Materialposten/jedes einzelne Gebinde unter Beachtung der Charge, des Qualitätsstatus, des Verfalldatums, usw.

— *Big Bag-Verwaltung*
Für voll-/halbautomatische oder manuelle Dosierstationen wird der Füllstand der Vorratsbehälter überwacht. Ebenso wird beim Austausch der Big Bags (oder Dosier-Container) überwacht, daß der richtige Rohstoff an die richtige Position gesetzt wird.

— *Vorbehandlung nach Wareneingang oder vor Einwaage*
Falls Rohstoffe vor der Verarbeitung gesiebt, filtriert, o.ä. werden müssen, wird dies vom PLS überwacht, und ggf. wird der Bediener nach Wareneingang oder vor Einwaage dazu aufgefordert.

— *Containerverwaltung*
Werden Container als Einwaage- oder Transportmedien eingesetzt, wird jeweils vor Benutzung der Sauberkeitszustand überwacht bzw. der Bediener muß die Reinigung gegenüber PLS bestätigen.

— *Musterzug und Qualitätskontrolle*
Alle Rohstoff-Posten werden erst nach Musterzug und Freigabe durch die Qualitätssicherung für die Einwaage freigegeben. Es kann neben dem Verfalldatum auch ein "Datum nächster Musterzug" eingegeben werden, ab dem dann der Posten wieder automatisch gesperrt ist.

Selbstverständlich können alle Posten, für die an einem bestimmten Tag oder in einer bestimmten Woche wieder ein Musterzug erforderlich ist, gelistet werden.

— *Tagesjournale*
Optional kann jede Auftragsneuanlage und Änderung und damit jede Einwaage für Dokumentations-Zwecke registriert und abends in einem Tagesjournal protokolliert werden.

— *Betriebsmittelstatistik*
In einer weiteren Ausbaustufe ist vorgesehen, die Belastungen der einzelnen Arbeitsplätze und Geräte zu registrieren und für Wochen- und Monats-Statistiken auszuwerten.

2.5 Auftragsverwaltung

2.5.1 Auftragsanlage

Bei der Erstellung von Aufträgen müssen vom PLS drei Varianten unterstützt werden:

— der Auftrag wird komplett vom Host übertragen,

— zum Auftrag wird vom Host nur die Stückliste übertragen, dann erzeugt das PLS die fehlenden Informationen aus eigenen Rezepturdateien,

— der Auftrag wird über Bildschirm eingegeben. Dann muß eine Rezeptur mit angegeben werden, aus der der Auftrag zusammengestellt wird.

In allen Fällen müssen zusätzlich manuelle Testaufträge über Bildschirm eingegeben werden können, die gesondert gekennzeichnet sind.

Noch nicht freigegebene Aufträge können (passwordgeschützt und System-parameter-gesteuert) noch modifiziert werden, was z.B. in der Forschung, bei Rezepturtests, in der Klinikmusterfertigung usw. erforderlich ist.

Weiterhin muß es möglich sein, einzelne Arbeitsgänge zu splitten, z.B. wenn die Ansatzgröße die Obergrenze der Waagen oder die Kapazität des Mischers überschreitet.

2.5.2 Auftragseinplanung und Freigabe

Bei der Einplanung der Aufträge werden Start- und Endtermine der Arbeitsgänge festgelegt, die geplanten Arbeitsplätze können (z.B. in Abhängigkeit von der Belastung) noch einmal verändert werden, und es wird eine Tages- und Wiegeraum- bzw. arbeitsplatzbezogene Materialbereitstellungsliste ausgegeben. Bei Integration des Lagerverwaltungspaketes geschieht dies auch in Abhängigkeit von den Vorräten auf den Anbruchlägern.

In einer weiteren Funktionsstufe muß das PLS bereits auf dieser Ebene eine Einplanungsreihenfolge vorschlagen können, in Abhängigkeit von
— Sollterminen,
— Vorsortierung für rohstoffbezogene Einwaage,
— Reinigen von Wiegeboxen bei Rohstoffwechsel (Problem bei Wirkstoff-zentralen).

Dieser Schritt kann komplett übersprungen werden, wenn im Betrieb auf dieser Ebene (noch) keine Planung erforderlich ist.

Bei der Freigabe werden die erforderlichen Arbeitspapiere und Herstellanweisungen gedruckt sowie ggf. vorab die Etiketten für Wiegegefäße, Transportbehälter etc.

2.5.3 Ablaufüberwachung

Die Abarbeitung der einzelnen Arbeitsgänge wird durch interne Steuer-Informationen festgelegt und überwacht.

Dabei kann auch gesteuert werden, daß mehrere Arbeitsgänge eines Auftrages unabhängig voneinander bearbeitet werden können.

Die Arbeitsgänge werden somit automatisch freigegeben, entweder bei der Auftragsfreigabe oder bei der Fertigmeldung des Vorläufer-Arbeitsganges.

2.5.4 Auftragsende

Nach Fertigmeldung des letzten Arbeitsganges wird der Auftrag beendet. Dabei wird der gesamte Herstellbericht gedruckt über alle Arbeitsgänge. Gegebenenfalls wird der Auftrag beim Host zurückgemeldet. Anschließend wird der Auftrag gelöscht oder optional in eine Archivierung übertragen.

2.6 Verwaltung der Rezepturen im System

Die Rezepturen können über maskenorientierte Bildschirmdialoge von autorisierten Benutzern eingegeben, verändert und am Bildschirm oder auf einem Drucker ausgegeben werden. Die Eingaben werden soweit wie möglich auf syntaktische und logische Fehler geprüft und ggf. abgelehnt.

Rezepturen bestehen aus

— dem Rezeptkopf,
— mehreren Arbeitsgängen mit den Stücklisten/Positionen sowie aus
— Querverweisen auf variable Textdateien für Herstellvorschriften, Hinweisen zur Bearbeitung sowie Layouts für Protokoll und Etiketten nach der Bearbeitung.

Die Rezepturen können nach Nummern sortiert oder in alphabetischer Reihenfolge aufgelistet werden. Zusätzlich können die Rezepturen einzeln oder komplett protokolliert werden.

Rezepturen, die noch in der Testphase sind, können in andere Versions-Nummern umkopiert und dort verändert werden.

Zusätzlich kann für umfangreiche, mit mehreren Querverweisen (Verweise auf Wirkstoff-Positionen, auf Gegen- oder Ausgleichs-Positionen, Zusatz-Positionen) versehenen Rezepturen automatisch nach der Neueingabe oder Änderung ein Konsistenz-Check durchgeführt werden. Bei Fehlern wird die Rezeptur gesperrt. Gesperrte Rezepturen können nicht für Aufträge herangezogen werden.

Rezepturen, zu denen Aufträge bereits existieren, können nicht mehr verändert werden.

Dieses Modul kann entfallen, wenn die Produktionsaufträge komplett von einem Host-Rechner übertragen werden.

Es wird jedoch benötigt, wenn z.B. vom Host nur die Stückliste ohne weitere Informationen übertragen wird.

2.7 Einsatzschwerpunkte

Mit einem solchen modular aufgebauten Produktionsleitsystem (siehe Bild 2.5) steht ein flexibles und für die unterschiedlichen Organisationsstrukturen offenes Automationssystem zur Verfügung. Die Einsatzmöglichkeiten reichen von der Steuerung

1 *reiner Wiegezentren*
   durch Verwendung nur eines Arbeitsganges "Einwaage" über die

2 *Versuchsmusterfertigung*
   durch die Möglichkeit der kontrollierten Abarbeitung noch nicht freigegebener Aufträge bis zur

3 *kompletten Produktionssteuerung*
   durch Ausnutzung der gesamten Arbeitsgangsstruktur und aller zusätzlichen Funktionen.

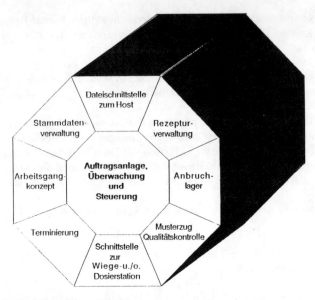

Bild 2.5:   Modulstruktur

2.8 Resümee

Das Produktionsleitsystem als Verbindung zwischen Produktionsrechner und
Wäge/Dosieranlage ermöglicht somit die Erreichung folgender Ziele:

1. Sicherheit, durch
   - Bedienerführung am Arbeitsplatz mit Schutzhinweisen
   - Überwachung der Rezepturverwaltung
   - Herstellnachweise wie eichfähige Belege, Wiegeprotokolle, Herstell-
     dokumente

2. Transparenz, durch
   - Überblick über den aktuellen Produktionsfortschritt
   - Materialienverfügbarkeitskontrollen
   - Kopplung mit anderen Systemen

3. Kostenminderung, durch
   - Durchsatzerhöhung in der Produktion
   - bessere Auslastung der Betriebsmittel
   - Verringerung des Begleitpapier-Aufwandes

58

3 Kontinuierliche und diskontinuierliche gravimetrische Dosierung von Feststoffen und Flüssigkeiten

A. Wagner

3.1 Einführung und Begriffsbestimmung

3.1.1 Kontinuierliche und diskontinuierliche Dosierung

Man unterscheidet den klassischen Chargenbetrieb und den Chargenbetrieb mit kontinuierlicher Dosierung. Diese Unterscheidung wird häufig nicht gemacht. Deshalb müssen aus der Sicht des Praktikers zuerst diese Begriffe so geordnet werden, daß diese auch in der Praxis verstanden und angewendet werden können. Beim klassischen Chargenbetrieb wird die Menge in einem Mal freigegeben, z.B. mittels Klappen, Schieber etc.. Beim Chargenbetrieb mit kontinuierlicher Dosierung wird die Charge über eine festgelegte Zeit, d.h. dosiert freigegeben.

Die kontinuierliche Dosierung teilt sich in zwei Gruppen, die *volumetrische* und *gravimetrische* Dosierung auf.
Bei der volumetrischen Dosierung wird ein Volumen pro Zeiteinheit dosiert.
Hier liegt bereits für den Praktiker die Problematik.
Verändert sich das Schüttgewicht in diesem dosierten Volumen, so bleibt zwar das Volumen erhalten, aber das dosierte Gewicht verändert sich und die Dosierung wird ungenau. Aus diesem Grunde gibt es volumetrische Dosiergeräte, die das Schüttgut zuvor homogenisieren und somit eine Vergleichmäßigung des Schüttgewichts und des Fließverhaltens erreichen.

Bei der gravimetrischen Dosierung wird das Gewicht kontinuierlich erfaßt. Diese Art der Dosierung hat natürlich einen größeren Aufwand zur Folge. Hier wird bei allen Systemen das Gewicht pro Zeiteinheit gemessen und in einem speziellen Regelgerät verarbeitet. Im Gegensatz zur volumetrischen Dosierung werden Schüttgewichtsschwankungen ausgeglichen. Aufgrund dieser Tatsache, ergibt die gravimetrische Dosierung eine hohe Dosiergenauigkeit.

Bei der Chargendosierung ist zu unterscheiden: die einfache und volumetrische Dosierung über die Zeit und die verwogene Charge, Bild 3.1. Bei der letzteren werden wesentlich genauere Ergebnisse erzielt.

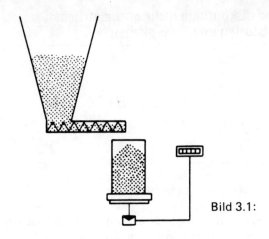

Bild 3.1:

Hier wird in ein Gefäß, welches auf einer Waage steht und von dort über entsprechende Kontakte das Dosiergerät steuert, eine verwogene Menge dosiert. In diesem Falle spricht man von einer Bruttoverwiegung (1).

In Gemengenanlagen werden sehr häufig Chargen in ein fest installiertes Wiegegefäß verwogen (Bild 3.2).

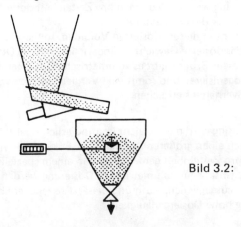

Bild 3.2:

Hier handelt es sich um eine Nettoverwiegung oder einen Batch-in-Betrieb. Das Wiegegefäß wird zuvor austariert, sodaß lediglich der Nettoinhalt verwogen wird (1). Diese Anordnung zeigt den klassischen Chargenbetrieb.

Vermehrte Anwendung findet heute die Nettoentnahmedosierung oder Batch-out-Betrieb, Bild 3.3 (1, 2).

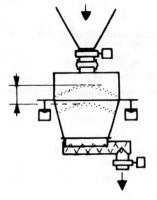 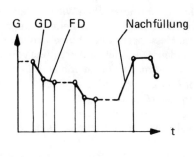

Bild 3.3:

Diese Art der Chargendosierung erlaubt die höchste Chargengenauigkeit. Aufgrund der heute genaueren elektronischen Wiegesysteme und der hohen Auflösung des Wiegesignals ist diese Nettoentnahmedosierung erst möglich geworden.

In der graphischen Darstellung wird schematisch ein solcher Wiegeverlauf gezeigt. Meist wird hier mit zwei Dosierströmen, nämlich Grobdosierung GD und Feindosierung FD, gearbeitet.

Eine solche Charge kann auch kontinuierlich innerhalb einer gewählten Chargengröße gefahren werden. Diese Fahrweise stellt den Chargenbetrieb mit kontinuierlicher Dosierung dar.

3.1.2   Genauigkeitsdefinition bei beiden Systemen

Bei diskontinuierlichen Wiegesystemen spricht man von Eichfehlern, die in der Eichordnung festgelegt sind. Die Eichordnung sieht z.B. von 5–50 kg eine Eichfehlergrenze von ± 0,4% für eine Einzelwägung und von ± 0,16% für das Mittel aus zehn Wägungen vor. Dabei ist ohne Bedeutung, ob es sich um eine Nettoverwiegung, Nettoentnahmeverwiegung oder um eine Bruttoverwiegung handelt.

61

Man unterscheidet eichfähige und nicht eichfähige Wiegevorgänge. Entsprechend diesen Anforderungen müssen die Waagen vom Eichamt abgenommen oder können auch ohne Abnahme des Eichamtes betrieben werden. Dieser Wiegevorgang beinhaltet immer eine Unterbrechung am Ende der Verwiegung.

Bei den kontinuierlichen Wiegesystemen spielt der Zeitfaktor eine Rolle d.h., es wird eine Menge in einer Zeiteinheit gemessen.
Diese Messungen wiederholen sich in kurzen Zeitabständen, z.B. alle 20 Millisekunden. Die Aneinanderreihung von Messungen in diesen kurzen Zeitabständen ist ein interner Vorgang und wird in der Auswerteelektronik, heute ausschließlich über Mikroprozessor verarbeitet. Für den Anwender ist die Kurzzeit- und Langzeitgenauigkeit wichtig. Unter Kurzzeitgenauigkeit versteht man Zeitintervalle der einzelnen Meßproben von 10 − 60 Sekunden, während bei der Langzeitgenauigkeit ein Zeitraum von einer oder mehreren Stunden gemeint ist.

Die einzelnen Messungen lassen eine gewisse Streuung zu und werden als durchschnittliche Abweichung nach folgender Formel ermittelt:

Die durchschnittliche Abweichung

$$AD = \pm \; \frac{1}{n} \cdot \sum_{i=1}^{n} \; |x_i - \bar{x}|$$

x_i = gemessene Intervallgewichte
$\bar{x}$ = arithmetisches Mittel − Summe der Meßwerte/Anzahl Messungen
n = Anzahl Messungen

Eine Aussage über die Verteilung der Meßwerte um das Mittel gibt die *Standardabweichung:*

$$s = \pm \sqrt{\frac{1}{n-1} \sum_{i=1}^{n} (x_i - \bar{x})^2}$$

s = Standardabweichung

Um den Wert in % zu erhalten, wird nach folgender Formel gerechnet:

$$s_r = \frac{100 \cdot s}{\bar{x}} = \%$$

s_r = relative Standardabweichung

Tabelle 3.1:

Produkt: Additiv-Calciumstearat mit Zusatz, schlecht fließend, haftend, γ_s 0,31 – 0,34 kg/l pro Meßreihe 20 Messungen mit 1-Minuten-Intervallen

Meßreihe	1		2 nach 1 Stunde Betriebszeit			3 nach 4 Stunden Betriebszeit		
Dosiergerät	Leistung[1] kg/h	Kurzzeit-genauig-keit	Leistung[1] kg/h	Langzeit-genauig-keit[2]	Kurzzeit-genauig-keit	Leistung[1] kg/h	Langzeit-genauig-keit[2]	Kurzzeit-genauig-keit
Volumetrisches Präzisions-dosiergerät GAC 132 mit konzentrischem Auflockerer	25,10	± 2,74%	23,85	– 5,20%	± 4,97%	23,94	– 4,85%	± 1,76%
Gravimetrische Differential-dosierwaage DIW 132.3	25,01	± 0,60%	25,01	– 0,14%	± 0,44%	25,15	+ 0,16%	± 0,32%

Produkt ist nach 4 Stunden Umlauf fließfähiger (bei dauernd frischem Produkt wäre Genauigkeit mit volumetrischem Dosiergerät schlechter).

[1]) Durchschnitt aus 20 Messungen
[2]) Abweichung zur Leistung von Meßreihe 1

Es wird davon ausgegangen, daß gemäß einer statistischen Sicherheit nach DIN 1319, (3), P = 95 % in der festgesetzten Streuung liegen müssen. Häufig wird auch in der Praxis nach der Gauß Verteilung der Wert in σ (Sigma), z.B. 2 σ angegeben.

Diese Methode geht davon aus, daß in einer Anzahl von 1-minütigen Messungen (in der Regel nicht unter 20) zugrunde gelegt werden.

Tabelle 3.1 (4) zeigt die Unterschiede der Kurzzeit- und Langzeitgenauigkeiten. Die Langzeitgenauigkeit vergleicht die durchschnittliche Dosierleistung zu verschiedenen Tageszeiten oder Tagen.

Es wird die Abweichung vom Zeitpunkt 2 gegenüber Zeitpunkt 1 nach folgender Formel errechnet:

Langzeitgenauigkeit (Langzeitabweichung)

$$D_{t1,2} = \frac{m_{t2} - m_{t1}}{m_{t1} \cdot 100} \quad [\%]$$

$$m_{t1} = \frac{m}{\Delta t} \quad [kg/h] \quad \Delta t = 15 - 30 min.$$

$$t_2 - t_1 \geqslant 1h$$

m_{t1} = mittlere Dosierleistung über den Zeitraum Δt

3.1.3 Systemgenauigkeit und Wiegegenauigkeit

Die diskontinuierlichen Waagen werden sehr häufig mit Wiegegenauigkeiten, bei mechanischen Waagen, von z.B. ± 1%o, je nach Teilung, angegeben. Bei elektronischen Waagen ist die kleinste erfaßte Größe 1 Digit und hängt von der Auflösung der Auswerteelektronik ab. Diese Definition bezieht sich aber lediglich auf eine Waage selbst oder auf die Auswertung bei elektronischen Systemen, bezogen auf den Wägebereich. In der Praxis wird aber die Systemgenauigkeit, d.h. unter Berücksichtigung aller Fehler, z.B. der Fallhöhe des Produktes, die Abschaltzeit der Dosier- und Abschlußorgane, sowie das Verhalten des Wiegegutes gefordert. Alle diese Fehler zusammen ergeben eine Genauigkeit von z.B. + 2%o auf den Wägebereich bezogen oder bei elektronischen Waagen von 2 − 3 Digit bei einer angenommenen gebräuchlichen Auflösung von 6 000 d.

Nachfolgendes Beispiel zeigt die Veränderung des Gesamtfehlers bei kleineren Chargen:

Genauigkeit einer mechanischen Chargenwaage in % der max. Waagenkapazität:

1 000 kg Waage,	Genauigkeit	±	2%o (0,2%)
500 kg Komponente,	Genauigkeit	±	4%o (0,4%)
100 kg Komponente,	Genauigkeit	±	20%o (2,0%)

Die heute vermehrt eingesetzten elektronischen Waagen sind zwar genauer, haben aber bei kleinen Komponenten dieselbe Tendenz wie im Beispiel gezeigt.

So ergibt die Waagenabweichung + Dosierabweichung = Systemabweichung.

Gravimetrische Dosieranlagen beinhalten in der Regel alle diese Gesamtfehler. Sie sind mit einem Dosierorgan ausgerüstet und eliminieren von vornherein die Fallhöhe oder den Produktdruck auf das Wiegesystem. Die Genauigkeitsangaben sind also Werte, die alle Fehlerfaktoren berücksichtigt haben und beziehen sich *immer auf die eingestellte Leistung.* Die Abweichungen liegen zwischen 0,25 und 1%, bezogen auf 1-minütige Meßintervalle, Tabelle 3.2.

Tabelle 3.2:

Meßwerte $\bar{x}_i$	$\lvert x_i - \bar{x} \rvert$	$(x_i - \bar{x})^2$
100	0	0
100	0	0
101	1	1
99	1	1
100	0	0
98	2	4
100	0	0
100	0	0
102	2	4
100	0	0
Σ1000	6	10

Durchschnittliche Abweichung:

$$AD = \pm \frac{1}{n} \cdot \sum_{i-1}^{n} \lvert x_i - \bar{x} \rvert = 0,6$$

Relative Abweichung:

$$AD_r = \frac{100 \cdot AD}{\bar{x}} = 0,6\,\%$$

Alternativ dazu Standardabweichung:

$$s = \pm \sqrt{\frac{1}{n-1} \sum_{i=1}^{n} (x_i - \bar{x})^2} = 1,054$$

Relative Standardabweichung:

$$s_r = \frac{100 \cdot s}{\bar{x}} = 1,054\,\%$$

3.1.4 Mechanische Verfahrenstechnik im Zusammenhang mit der Wiegemechanik, dem Sensor und der Auswerteelektronik

Ein wichtiger Punkt ist die mechanische Verfahrenstechnik. In vielen Fällen findet dieser Teil zu wenig Aufmerksamkeit. Was nützt ein gut funktionierendes Wiegesystem und eine gut arbeitende Auswertelektronik, wenn ein schwer fliessendes Schüttgut im Behälter Brücken bildet, oder das Schüttgut zum Schießen kommt. Eine vernünftige Symbiose aller Aufgaben, z.B. Mechanik des Wiegesystems, Auswertelektronik und mechanische Verfahrenstechnik, ist zur Problemlösung erforderlich.

3.2 Meßaufnehmer

3.2.1 Schwingseite, Biegekraftaufnehmer (Ratiometrischer Gewichtsauflöser), Auswerteelektronik

Die Gewichtserfassung erfolgt über Wägezellen. Sie werden auch Lastzellen, Meßzellen, Kraftaufnehmer oder Gewichtsaufnehmer genannt. Die meistverwendeten Systeme sind in Bild 3.4 — 3.10 gezeigt (5, 6, 7).

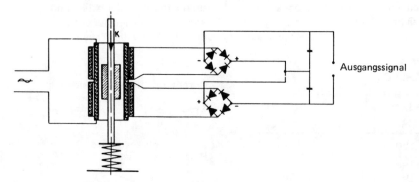

Bild 3.4:   Schaltbild eines Differentialtransformers

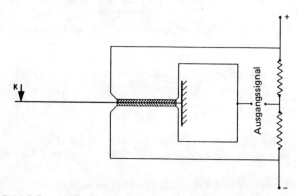

Bild 3.5:   Mögliche Anordnung von Dehnungsmeßstreifen (Erfassung Bandlasten)

66

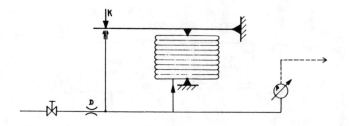

Bild 3.6:   Schematische Darstellung der pneumatischen Kompensation

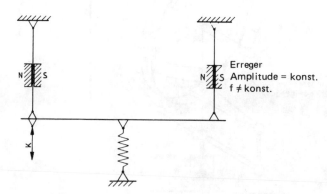

Bild 3.7:   Schematischer Aufbau der 2-Saiten-Meßdose

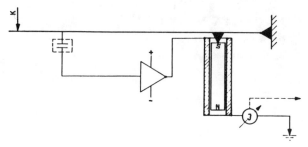

Bild 3.8:   Prinzip der elektromagnetischen Kompensation

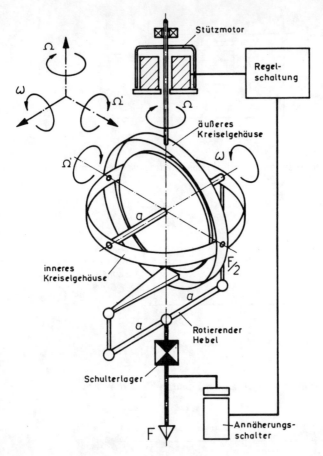

Bild 3.9:   Prinzip der Kreiselwaage

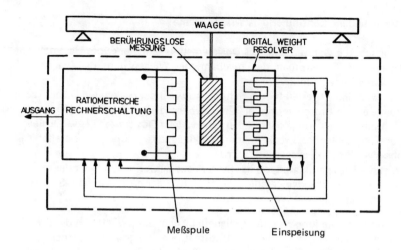

Bild 3.10: Funktionsprinzip von Kraftaufnehmern

Es sind dies der Differential-Transformator, der Dehnungsmeßstreifen, der
pneumatische Kompensator, die Schwingsaite, der elektromagnetische Kompensator, die Kreiselwaage, der ratiometrische Gewichtsauflöser.
Die Auswerteelektronik und die Anzeige sind auf das jeweilige Prinzip abge-
stimmt und haben folgende Merkmale:

Analog wird die Spannung im Millivoltbereich oder der Strom im Milliamper-
bereich verarbeitet. Digital arbeitet mit Frequenz oder Digital über Analog-
Digitalumsetzer.

3.2.2   Auflösung

Die analogen Gewichtsaufnehmer haben eine unendliche Auflösung, jedoch
erfolgt in der Regel die Umwandlung in ein digitales Signal. Digitale Verarbei-
tungssysteme haben eine Auflösung von 6 000 d. Es gibt Systeme, welche dieses
Signal mit einem Faktor — X — spreizen. Natürlich werden durch die Spreizung
die Fehler ebenfalls vervielfacht. Ein wesentlicher Fortschritt bedeutet beim
ratiometrischen Gewichtsaufnehmer die Auflösung von 20 bit = 1 : 1. 048.576.
Hier werden die Inkrements unmittelbar ausgelesen und verarbeitet.

69

3.3 Verschiedene kontinuierliche Wiegesysteme

Wie zuvor schon erwähnt, hängt das Dosierergebnis sehr stark vom Gesamtsystem ab, also dem Dosierorgan, dem mechanischen Wiegesystem, der Wiegezelle und der Auswertelektronik.
Dies sind wichtige Kriterien für die richtige Auswahl der geeigneten Dosierwaage. In diesem Teil der Entscheidung spielt maßgebend die mechanische Verfahrenstechnik hinein. Es ist von großer Bedeutung, welche Dosierwaage bzw. Dosiergerät für ein schießendes, brückenbildendes, klebendes, staubendes, rieselfähiges oder abrasives Produkt ausgewählt wird.
Ferner ist die Frage zu klären, ob das System aus bakteriologischen oder explosionsgefährdenden Gründen geschlossen sein muß oder noch mit einer Stickstoffüberlagerung versehen werden soll.

Je nach Aufgabenstellung wird das geeignete System ausgewählt. An dieser Stelle muß besonders auf vollständige Informationen hingewiesen werden.
Als Beispiel kann dieser Fragebogen dienen, Bild 3.11 (8).

Fragebogen

A Dosiergut	B Dosierleistung
Bezeichnung	Stündliche Leistung:
Schüttgut	— minimal
Korngröße und Form	— maximal
Fließeigenschaften (gut fließend, haftend, brückenbildend)	Wenn Chargendosierung: Wird Umstellung Grobstrom-Feinstrom (für Waagenbeschickung) ge-
Feuchtigkeit (feucht, hygroskopisch trocken)	wünscht? Bitte in diesem Fall Größe der Komponente und ge- wünschte Dosierzeit je Komponente
Staubentwicklung (stark staubend)	zur Leistungsbestimmung angeben.
Temperatur (wenn von Raumtemperatur abweichend)	Wenn kontinuierliche Dosierung: Leistungsregulierung (in welchem Verhältnis) von Hand, durch Fern-
Abrasivität	verstellung, automatisch in Abhängigkeit einer Regelgröße
Empfindlichkeit auf mechanische Beanspruchung (Abrieb, Bruch, Staubentwicklung)	Dosiergenauigkeit: — zulässige Abweichung ± in % der Soll-Leistung je Meßintervall
statische Aufladung	
Produktmuster vorhanden/beiliegend	Gewünschtes Meßintervall (5 oder 1 Min). Volumetrische oder gravimetrische Dosierung?

Bild 3.11:

70

Eine weitgehendste Beanwortung erspart unnötige Rückfragen und Zeit. Bei der Erläuterung der verschiedenen Dosierwaagen werden nur die in der Praxis am häufigsten angewandten Systeme vorgestellt.

3.3.1 Bandwaagen, ihre Funktion, Einsatzgebiet, sowie Vor- und Nachteile

Beginnen wir mit der Abzugsbandwaage, Bild 3.12 (4).

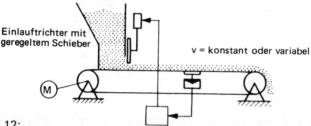

Einlauftrichter mit
geregeltem Schieber

v = konstant oder variabel

Bild 3.12:

Hierbei unterscheidet man ein System mit konstanter Bandgeschwindigkeit und veränderbarer Schichthöhe, geregelt über einen motorisch gesteuerten Schieber. Das Gewicht wird über eine Rolle erfaßt und an den Wiegesensor übertragen.

Eine andere Ausführung zeigt Bild 3.13 (4), bei dem die Schichthöhe konstant ist und die Bandgeschwindigkeit verändert wird.

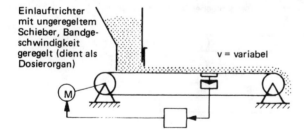

Einlauftrichter
mit ungeregeltem
Schieber, Bandge-
schwindigkeit
geregelt (dient als
Dosierorgan)

v = variabel

Bild 3.13:

Bei beiden Systemen steht die Materialsäule auf dem Band. Die Konstruktion dieser Dosierwaagen ist einfach. Sie ist aber nur für körnige, gut rieselfähige Schüttgüter einsetzbar. Für alle Dosierbandwaagen gilt, daß sie nicht für klebende, schießende und staubende Feststoffe eingesetzt werden können.
Ferner reagieren Dosierbandwaagen mit kurzen Meßstrecken sehr empfindlich auf Temperatur, Bandspannung und Feuchtigkeit.

Eine Dosierbandwaage mit ähnlichen Eigenschaften ist diese mit Schwingaufgeber als Vordosiergerät, Bild 3.14 (4).

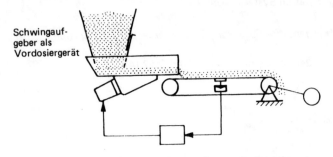

Schwingauf-
geber als
Vordosiergerät

Bild 3.14:

Hier liegt der Vorteil gegenüber dem zuerst genannten System darin, daß die Produktsäule nicht auf dem Band lastet. Die Bandspannungsunterschiede aufgrund der verschiedenen Materialsäulen im Zulauftrichter wirken sich hier nicht aus. Eine Verbesserung bezüglich Dosiergenauigkeit bildet die Bandwaage, bei der das ganze Band als Meßstrecke dient, Bild 3.15 (4).

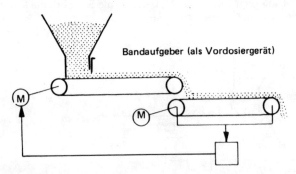

Bandaufgeber (als Vordosiergerät)

Bild 3.15:

Bei diesem System hat die unterschiedliche Bandspannung, Feuchtigkeit und Temperatur keinen Einfluß auf die Wiegegenauigkeit. Außerdem ist die Meßstrecke wesentlich länger, was sich schon als physikalische Verbesserung auf die Dosiergenauigkeit auswirkt. Als Nachteil der Bandwaage wirkt sich die Nichteinsetzbarkeit bei klebenden, staubenden und schießenden Gütern aus. Zum Teil können diese Mängel durch ein geeignetes Vordosiergerät weitgehendst eliminiert werden.

72

So wird neben dem Band, als Vordosiergerät für rieselfähige Güter, die Schnecke, Bild 3.16 (4), für staubende und bedingt schießende Feststoffe verwendet.

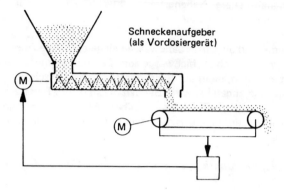

Bild 3.16:

Einen wesentlichen Fortschritt bietet der Einsatz des Präzisions-Schneckenaufgebers auf das Wiegeband. Bild 3.17 (4). Außerdem wird hier das ganze Band samt der Bandkonstruktion gewogen.

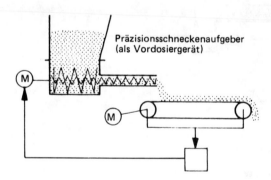

Bild 3.17:

Diese Lösung mit dem Präzisions-Dosiergerät hat den Vorteil, daß durch zwei konzentrisch arbeitende Wendeln oder Schnecken das Schüttgut im Einlaufbereich homogenisiert wird. Dadurch erhält man ein vergleichmäßigtes Schüttgut, welches dem Wiegeband zugeführt wird. Es gilt auch hier, daß mehrere mechanische, meßtechnische, elektronische und verfahrenstechnische Faktoren für ein

73

gutes Gesamtresultat verantwortlich sind. Das Präzisions-Dosiergerät hat als weiteren Vorteil die große Homogenisierspirale, die einen stark vergrößerten Einlaufquerschnitt ermöglicht. Dieser Nebeneffekt wirkt sich besonders bei schlecht fließenden Schüttgütern positiv aus.

Diese vorgestellten Systeme sind als Dosierbandwaagen eingesetzt. Alle Ausführungen können selbstverständlich als Meßwaage zum Einsatz kommen. Dabei kann das Vordosiergerät entfallen, da in der Regel der Produktstrom schon kontinuierlich dem Wiegeband zugeführt wird. Bei den meisten zum Einsatz kommenden Meßbandwaagen soll ein Produktstrom überwacht, oder eine Führungsgröße als Signal gegeben werden, die es ermöglicht, in Abhängigkeit andere Komponenten zu dosieren.

3.3.2 Schneckenwaage, ihre Funktion, Einsatzgebiet sowie Vor- und Nachteile

Die Dosierschneckenwaagen arbeiten im Prinzip gleich wie die Dosierbandwaagen mit Vordosiergerät, Bild 3.18 (4).

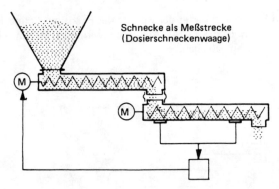

Schnecke als Meßstrecke
(Dosierschneckenwaage)

Bild 3.18:

Im Gegensatz zur Dosierbandwaage ist die Meßstrecke einer Wiegeschnecke mit konstanter Fördergeschwindigkeit. Dies erfordert eine fixe Drehzahl und eine Verwiegung der ganzen Wiegeschnecke. Von der Bandwaage wissen wir, daß das System der längeren Verweilzeit physikalische Vorteile hat; dies trifft auch hier zu.

Als Vordosiergeräte kommen normale Schnecken oder das schon früher erwähnte Präzisions-Dosiergerät zum Einsatz. Der Regelvorgang ist gleich wie bei den Bandwaagen mit Vordosiergerät.

Die Vorteile liegen auf der Hand. Ein vollkommen geschlossenes System, welches nicht staubt und auch bei Überdruck, z.B. mit Stickstoffüberlagerung, verwendet werden kann. Allerdings sind die Nachteile erheblich. So ist die Verweilzeit durch den Schlupf zwischen der Schneckenwendel und dem Rohr bei unterschiedlicher Beaufschlagung verschieden. Der Schlupf ist nicht linear und nur sehr schwer über fixe Daten in der Steuerung zu kompensieren. Außerdem kommt es bei klebenden Produkten immer wieder zu Anbackungen an der Schneckenwendel, die sich aufbauen und hin und wieder abfallen können.

Natürlich kann die Wiegeschnecke von Zeit zu Zeit austariert werden, was immer eine kurze Unterbrechung des Dosierstromes nach sich zieht. Die mitgewogenen Anbackungen können die Wiegegenauigkeit erheblich beeinträchtigen. So sind bei Dosierschneckenwaagen Genauigkeiten von ± 3 – 5% im 1-minütigen Meßintervall bei einer statistischen Fehlergrenze von 95% zu erzielen. Als Meßwaage kann das Vordosiergerät unter der Voraussetzung entfallen, daß ein Gutstrom kontinuierlich anfällt.

Ein Variante stellt die Prallplatte als Meßstrecke dar, Bild 3.19 (4).

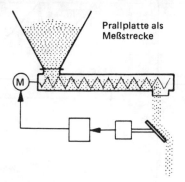

Prallplatte als
Meßstrecke

Bild 3.19:

Hier wird die Menge durch den Aufprall (kinetische Energie) gemessen und entsprechend die Dosierschnecke in ihrer Drehzahl geregelt. Diese Waage kommt nur für rieselfähige, nicht klebende Produkte in Frage. Häufiger wird sie als Meßwaage mit einem vorgegebenen Produktstrom eingesetzt.

3.3.3 Differentialdosierwaage, ihre Funktion, Einsatzgebiet sowie Vor- und Nachteile

Die Differentialdosierwaage weist die Nachteile der Dosierband- und Schneckenwaage nicht auf. Bild 3.20 (9).
Die Differentialdosierwaage eliminiert als kontinuierliche Entnahmewaage jeden Einfluß von Taraveränderungen, hervorgerufen durch Anbackungen von Dosier-

gut, Verstaubungen usw. Durch ihre geschlossene Bauweise ist sie staubdicht; Schutzgasüberlagerung ist gut möglich. Das Dosiergerät 1 mit aufgebautem Behälter 2 wird im Wiegesystem 3 *flexibel* abgestützt oder aufgehängt. Das Nachfüllgerät 4 füllt das Dosiergerät bis zum oberen Füllstand G max. Nach Schließen des Abschlußorgans 4a mißt der Massen- oder Gewichtskraftaufnehmer 5 die Masse bzw. Gewichtsabnahme pro Zeiteinheit dm/dt oder dG/dt, die der tatsächlich ausdosierten Gutmenge entspricht. Der Dosierregler 8 regelt nach Soll/Istwertvergleich über den Motorregler 9, den Antrieb 10 des Dosiergerätes, entsprechend der vorgewählten Soll-Leistung.

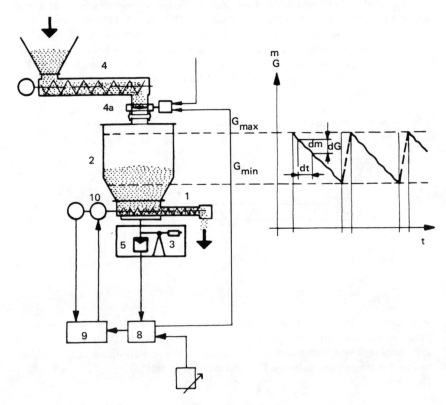

Bild 3.20: Differentialdosierwaage, Aufbau und Arbeitsweise

Nach Erreichen des Minimalfüllstandes G min. wird das Dosiergerät auf konstante Drehzahl umgeschaltet und die Nachfüllung ausgelöst. Die Nachfüllung kann 10 bis 30 mal pro Stunde erfolgen. Die während der kurzen Nachfüllzeiten von 10 bis 60 Sekunden durch den Wegfall der Regelung entstehenden Dosierfehler wirken sich auf die Abweichung pro gemessener Proben kaum meßbar aus. Zudem kann durch eine Nachfülloptimierung noch ein allfälliger Einfluß der Füllhöhe über dem Dosiergerät kompensiert werden, Bild 3.21 (9).

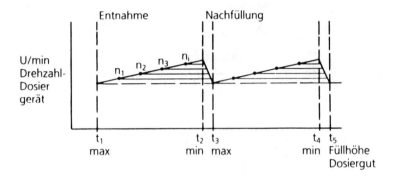

Bild 3.21: Nachfülloptimierung (Füllhöhenkompensation) zur Differentialdosierwaage

Hierzu regelt der Dosierregler das Dosiergerät während der Nachfüllphase auf diejenige Drehzahl, die er während der letzten Entnahmephase bei der entsprechenden Füllhöhe gemessen und gespeichert hat. Für eine hohe Dosiergenauigkeit wird eine große Auflösung des Meßwertaufnehmers benötigt, möglichst unterstützt durch eine additive Tarierung des im Vergleich zur Gutmenge im Dosiergerät hohen Taragewichtes des Dosiergerätes selbst. Als Dosiergeräte werden Schnecken, mit und ohne Auflockerer (Homogenisierer) für Granulate, Pulver, Schnitzel sowie gewisse Fasern eingesetzt. Desweiteren Vibrationsdosierer für Granulate und rieselfähige Glasfasern sowie für Flocken. Mikroprozessor, Steuer- und Regelgeräte gestatten einen Verbund von verschiedenen Differentialdosierwaagen mit proportionaler (Master/Slave) Regelung. Eine Änderung der Gesamtleistung ist auch möglich, wenn sich ein Gerät gerade in der Nachfüllphase befindet, sofern der Regler die Solldrehzahl für die verschiedenen Dosierleistungen gespeichert hat. Die Dosiergenauigkeiten liegen unter 1% vom Meßwert, gemessen in 1-minütigen Meßintervallen, wobei Wägezellen mit geringer Auflösung größere Meßintervalle erfordern.

Dank des Differentialdosiersystems ist die kontinuierliche, gravimetrische Dosierung auch in kleinen Leistungsbereichen (bis weniger als 1 kg/h) und für haftende, kohäsive Pulver zuverlässig möglich. Diese Dosierwaagen eignen sich für Granulate, Polymerpulver, Füllstoffe, organische und anorganische Pigmente, Gleitmittel, Antioxydantien und fasermörmige Verstärkerstoffe. Auch bei großen Dosierleistungen (10 t und mehr) ist die Differentialdosierwaage der Dosierband- und Dosierschneckenwaage überlegen, und zwar sowohl bei rieselfähigen als auch bei kohäsiven oder schießenden Gütern. Der größere Bedarf an Einbauhöhe einschließlich des Nachfüllgerätes sowie evtl. Mehrkosten werden durch geringeren Bedienungs- und Revisionsaufwand und vor allem durch bessere Produktqualität kompensiert. Vermehrt werden auch flüssige Stabilisatoren mit Differentialdosierwaagen dosiert, Bild 3.22 (9).

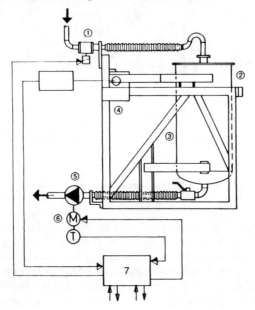

Arbeitsweise

1 Flüssigkeitszufuhr mit Absperrklappe
2 Behälter mit flexiblen Anschlüssen
3 Eventuell Heiz- oder Kühlmantel
4 Gewichtsaufnehmer
5 Dosierpumpe
6 Pumpenantrieb
7 Mikroprozessor-Steuer- und Regelgerät

Bild 3.22:   Aufbau einer Differentialdosierwaage für Flüssigkeit

Sie sind nicht nur unempfindlich gegenüber Viskositätsschwankungen und Verschmutzungen, sondern gestatten auch die Rückmeldung und Registrierung der tatsächlich dosierten Gewichtsmenge.

Die heute auf dem Markt eingesetzten Systeme werden in Bild 3.23 bis 3.27 (4) gezeigt.

78

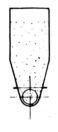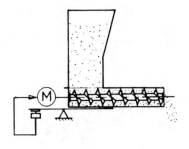

Bild 3.23:

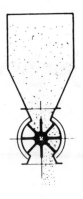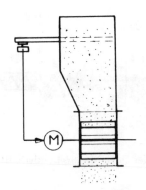

Bild 3.24:

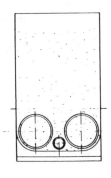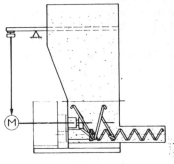

Bild 3.25:

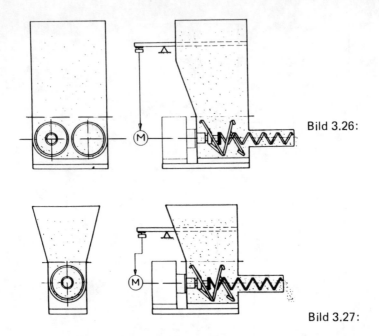

Bild 3.26:

Bild 3.27:

Entwicklung des Dosierorgans bei der Differentialdosierwaage

Dabei hat auch die Differentialdosierwaage sowohl beim Wiegesystem und der Auswerteelektronik als auch bei den Dosierorganen in den letzten Jahren große Fortschritte gemacht. So ist z.B. ein Trend von den Plattformwaagen, Bild 3.23 zu den hängenden Waagen, Bild 3.24 − 3. 27, festzustellen. Ferner sind heute verbesserte Systeme in der Lage, große Taragewichte mechanisch auszutarieren. Hierbei wird nur noch wenig Taragewicht elektronisch unterdrückt. Diese Systeme lassen zu, daß nur das eigentliche Dosiergut gewogen wird und die Tara nicht einen Teil des verfügbaren Wiegebereichs des Meßaufnehmers beansprucht. Bild 3.25 bis 3.27 zeigen Präzisionsdosiergeräte mit extrem großem Einlaufquerschnitt für schwerstfließende Produkte, welche infolge des verbesserten Hängesystems und des mechanischen Taraausgleiches möglich sind.

Eine Differential-Dosierwaage mit einem neuentwickelten Dosiergerät wird im Bild 3.28 gezeigt. Dieses Dosiergerät wurde speziell für Glasfasern, Flocken, Schuppen und ähnlich schlecht fließende Feststoffe entwickelt.

Das Prinzip beruht darauf, daß in einem elektromagnetisch erregten Schwingtopf sich das Dosiergut kreisförmig bewegt und nur eine Teilmenge tangential

80

abgezogen wird. Dadurch ist auch bei kleinen Dosierleistungen und großem Auslaufdurchmesser des Zulauftrichters eine permanente und zuverlässige Dosierung möglich.

Dieses Dosiergerät ist in eine Differentialdosierwaage integriert.

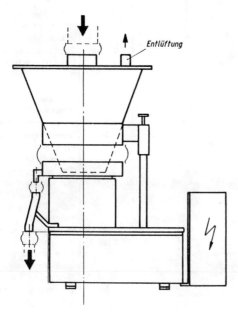

Entlüftung

Bild 3.28:

Somit liegen die Vorteile auf der Hand. Es sind in erster Linie hohe Dosiergenauigkeiten, keine Fehler durch Verschmutzung vom Wiegeband oder Wiegeschnecke, evtl. Anbackungen gehen in die Tara ein und werden neutralisiert, Dosierung von schwer und schwerstfließenden Produkten, geschlossenes System, staubfrei arbeitend und für Überdruckbetrieb geeignet. Nachteilig wirkt sich in der Praxis die Bauhöhe aus.

Zusammenfassend zeigt Bild 3.29 (11) den Einsatz und die Leistung des besprochenen gravimetrischen, kontinuierlichen Dosiergeräte.

Funktionsschema	Leistungsbereich	Dosiergenauigkeit ± %	Merkmale
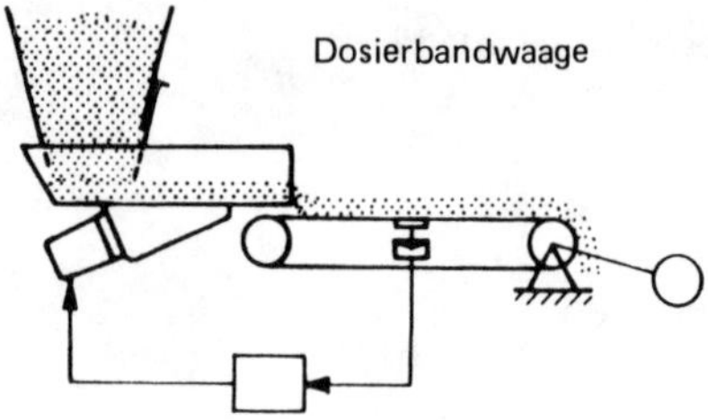 Dosierbandwaage	1 kg/h bis 2000 t/h	0,5 bis 1	Temperatur $>170°$C nicht total geschlossen Schutzgasüberlagerung mit großem Aufwand möglich Schmutzempfindlichkeit nur mit hohem Aufwand vermeidbar, Staubabsaugung möglich Regelgüte beschränkt
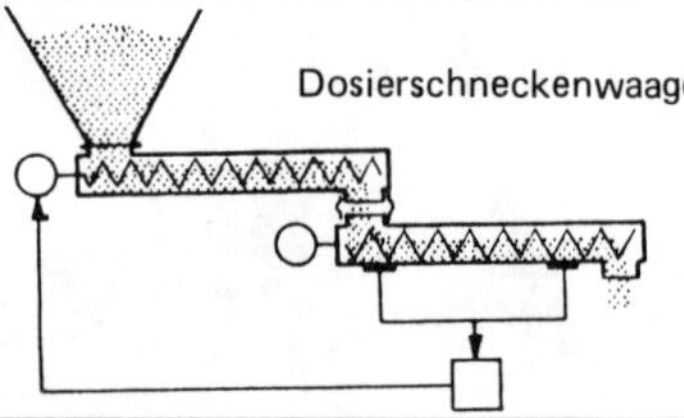 Dosierschneckenwaage	0,1 bis 40 t/h	3	Temperatur $>400°$C total geschlossen, druckdicht, leichte Reinigung, Fördergut abhängig von Schneckenausführung, Regelgüte beschränkt
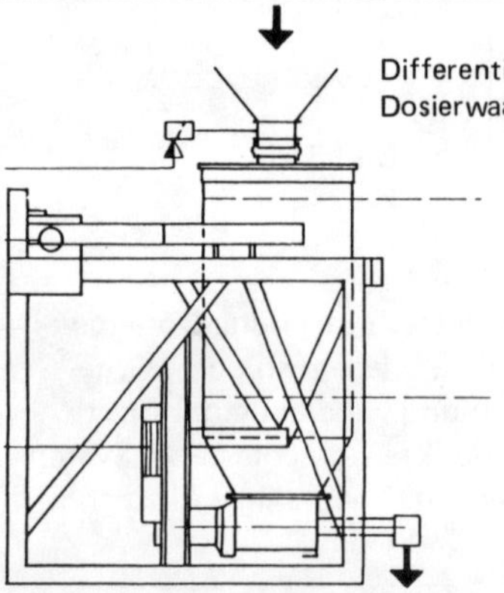 Differential-Dosierwaage	1 kg/h bis 40 t/h	0,5 bis 1	Temperatur $>400°$C total geschlossen gasdicht, leichte Reinigung, einfache Dosierstromkontrolle während des Dosiervorganges, Fördergut abhängig von Austrageinrichtung Überdimensionierung der Zuführeinrichtungen zur Begrenzung der volumetrischen Dosierphase, hohe Regelgüte
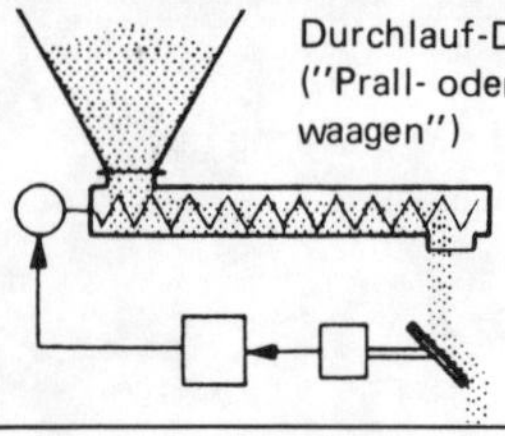 Durchlauf-Dosiergerät ("Prall- oder Umlenkwaagen")	1 t/h bis 1000 t/h	schlechter als 2– 3	Temperatur $>500°$C total geschlossen, gasdicht, sehr einfacher robuster Aufbau, Messung von Massenkräften, Justage mit Fördergut erforderlich

Bild 3.29: Überblick kontinuierliche, gravimetrische Dosiereinrichtungen

3.4 Anwendung und Praxis

Um eine Anlage mit gravimetrischen Dosiersystemen projektieren zu können, sind für den Planer bestimmte Kriterien zu beachten.

In erster Linie benötigt der Ingenieur bei solchen Einrichtungen eine genaue Kenntnis der örtlichen Gegebenheiten, Umwelteinflüsse, Leistung, Produktdaten usw. Hier bewährt sich – wie schon erwähnt – der Fragebogen. Anhand der beantworteten Fragen ist der Planer einer Anlage in der Lage, eine Auslegung sowohl für eine Einzelwaage als auch für ein ganzes Verbundsystem optimal vorzunehmen.

Ferner gewinnen die Elektronik- und rechnergesteuerten Anlagen immer mehr an Bedeutung. Dazu sind getrennte Abklärungen nötig, besonders dann, wenn es sich um zentrale, rechnergesteuerte Systeme handelt. Es hat sich in der Praxis auch als günstig erwiesen, daß in einem frühen Stadium bei der Planung solcher Dosieranlagen infolge der zuvor genannten Kriterien der Spezialist hinzugezogen wird. Dadurch kann die Projektierung zügig und ohne unnötige Kosten erfolgen. Unter Umständen sind Versuche zur Bestimmung der geeigneten Dosiereinrichtung nötig. Die Fragen der richtigen Entscheidung, z.B. für die Auswahl des Gerätes, der Bauhöhe, der Vibration durch umliegende schwingungsverursachende Maschinen, Windkräfte usw., sind für die Projektierung von größter Bedeutung.

Ein weiteres Kriterium sind die Anforderungen an die Dosieranlagen in den verschiedenen Branchen. Es muß in jedem Fall den Bedürfnissen in Bezug auf Reinigungsmöglichkeit, Oberflächenbeschaffenheit und Werkstoff der mit dem Produkt in Berührung kommende Teile, Sicherheitsausrüstung, z.B. Ex-Schutz, bakteriologische Überlegungen, um nur einige zu nennen, Rechnung getragen werden. Die Planung in den verschiedenen Branchen setzt große Erfahrung voraus. Die Kriterien und Schwerpunkte sind z.B. bei der Nahrungsmittel-, Chemischen-, Bau- und Futtermittelindustrie sehr verschieden. Die namhaften Anlageausrüster beliefern diese und artverwandte Industrien und verfügen über große Erfahrungen der zu behandelnden Schüttgüter und Flüssigkeiten. Trotzdem ist es bei der enormen Vielfalt der Schüttguteigenschaften nötig, daß vorhandene Informationen und spezielles Know How bei der Behandlung derselben an den Ausrüster weitergegeben werden. Um Anregungen über Einsatz und Lösungen zu geben, werden nachfolgend einige Schemata von ausgeführten und mit Erfolg arbeitenden Dosieranlagen gezeigt. Bild 3.30 (9) verdeutlicht die Herstellung einer Gesamtvormischung in Chargen mit kontinuierlicher Dosierung des Gemenges in den Extruder, Bild 3.31 (9) die direkte kontinuierliche, gravimetrische Dosierung der Einzelkomponenten in den Extruder.

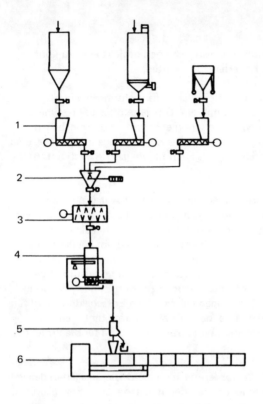

Diskontinuierliche Gesamtvormischung
1 Dosiergeräte
2 Mehrkomponentenwiegebe-
  hälter
3 Chargenmischer
4 volumetrisches oder gravime-
  trisches kontinuierliches Dosiergerät
5 Metallabscheider
6 Extruder

Bild 3.30:

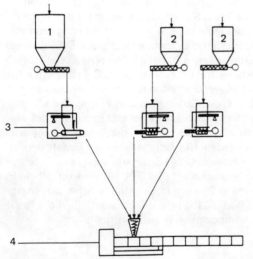

Kontinuierliche gravimetrische
Dosierung der Einzelkomponente
(Einzelstromdosierung)
1 Polymer
2 Füllstoffe
3 Differentialdosierwaagen
  (für Polymer Dosierbandwaagen)
4 Extruder

Bild 3.31:

Bild 3.32 (9) zeigt eine direkte kontinuierliche, gravimetrische Dosierung der Einzelkomponenten an zwei Stellen in den Extruder.

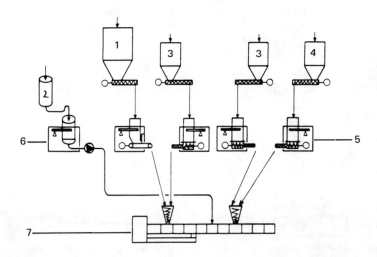

Kontinuierliche gravimetrische Dosierung der Einzelkomponenten (Zweistromdosierung)

1 Polymer	5 Differentialdosierwaagen
2 Additive	6 Stabilisator flüssig (Dosierpumpe
3 Füllstoffe, Pigmente	mit Differentialwaage geregelt)
4 Glasfasern	7 Extruder

Bild 3.32:

Bei Bild 3.33 (9) wird die Hauptkomponente kontinuierlich, gravimetrisch dosiert, während die Additive und Pigmente diskontinuierlich im Premix aufbereitet und danach kontinuierlich in den Extruder dosiert werden.

Bild 3.34 (4) zeigt die direkte Zudosierung der Additive auf die Hauptkomponenten unmittelbar vor dem Extruder.

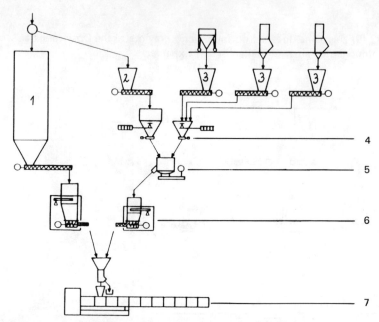

Hauptkomponente kontinuierlich gravimetrisch dosiert, Additive, Pigmente diskontinuierlich in Premix aufbereitet

1 Polymer
2 Bypass-Trägerstrom Polymer
3 Additive, Pigmente
4 Behälterwaagen

5 Chargenmischer
6 Dosierwaagen
7 Extruder

Bild 3.33 (9)

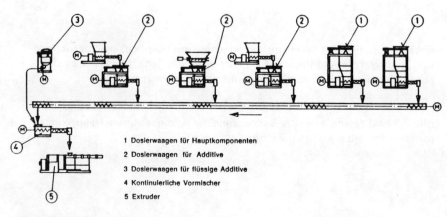

1 Dosierwaagen für Hauptkomponenten
2 Dosierwaagen für Additive
3 Dosierwaagen für flüssige Additive
4 Kontinuierliche Vormischer
5 Extruder

Bild 3.34 (4)

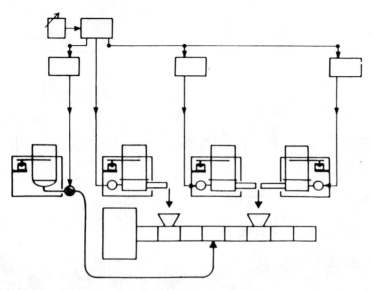

Bild 3.35: Kontinuierliche Mehrkomponentendosierung mit Proportional-
regelung (9)

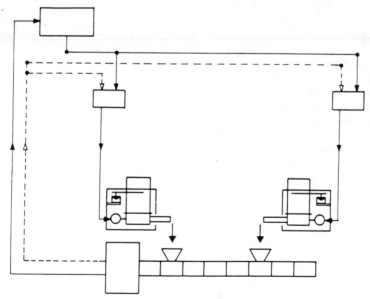

Bild 3.36: Führung des Dosiersystems oder einzelner Komponente in Abhängigkeit von Meßdaten des Extruderprozesses (9)

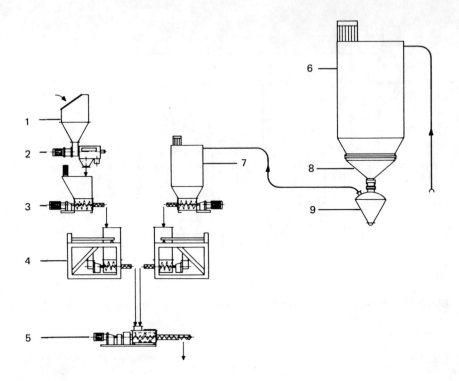

1　Handaufschüttung
2　Siebmaschine (Kontrollsieb)
3　Wiederbefüll Dosiergerät
4　Differential Dosierwaage
5　Kontinuierlicher GAC Mischer
6　Vorratssilo
7　Wiederbefüllgerät mit Depot
8　Auftrags Schwingtrichter
9　Pneumatischer Förderer

Bild 3.37:　Kontinuierliches Dosiersystem in Verbindung einer kontinuierlichen Mischung (8)

Das Bild 3.38 zeigt eine Anlage in der Nahrungsmittelindustrie mit den Dosiergeräten. Das Produkt wird manuell oder mit einer pneumatischen Förderanlage in den Tagesbehälter gefördert und von hier über Wiederbefüllgeräte in die Differentialdosierwaage aufgegeben. Nach Erreichen des Minimalpegels in der Waage löst die Steuerung die automatische Wiederbefüllung des Wägebehälters aus. Da es sich häufig um schlecht fließende, brückenbildende Produkte handelt, werden Dosiergeräte mit großem Einlauf verwendet. Die Waagen geben den Dosierstrom gleichzeitig auf den kontinuierlichen Mischer.

Hierbei wird eine kombinierte gravimetrische und volumetrische, kontinuierliche Dosieranlage für die Zwiebackherstellung gezeigt. Neben schwerfließendem Mehl, Zuckerlösung als Flüssigkeit, wurden Hebel (Teig) gravimetrisch und noch zwei Flüssigkeiten volumetrisch in Abhängigkeit dosiert.

Der Vorteil der hängenden Differentialdosierwaage mit mechanischem Gewichtsausgleich wird hier besonders deutlich, da der Hebel mittels eines kräftigen, schweren Rührwerks dauernd gerührt werden mußte.

Anhand der gezeigten Beispiele wird veranschaulicht, daß komplexe Dosieraufgaben in verschiedener Form gelöst werden können. Die Vorteile der kontinuierlichen Dosieranlagen, nämlich geringe Betriebskosten, geringer Platzbedarf, hohe und gleichmäßige Produktqualität, kommen bei sorgfältiger Projektierung voll zur Geltung. Aufgrund der heute bestehenden präzise arbeitenden kontinuierlichen Dosiersysteme kann man der Zukunft mit Optimismus entgegensehen.

90

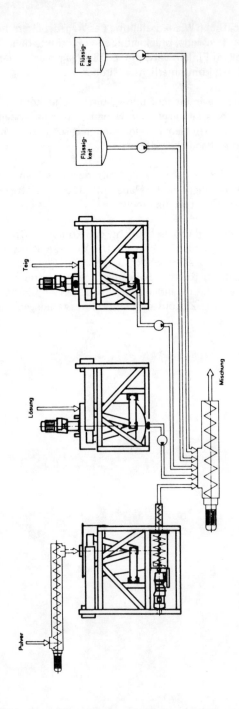

Bild 3.38: Kontinuierliches Dosiersystem mit Rezeptspeicherung in zentralem Mikroprozessor (8)

4 Gemenge- und Dosiertechnologie

W. Reif

Wenn wir in diesem Band von Gemengeanlagen sprechen, dann meinen wir in erster Linie Anlagen zur Aufbereitung von Schüttgütern.

Schüttgüter in diesem Sinne sind pulverförmige oder granuläre Produkte, die siliert, gefördert, getrocknet, gesiebt, dosiert, verwogen oder gemischt werden. Es sind Ausgangs- oder Zusatzstoffe zur Herstellung von Zwischen- oder Endprodukten.

Wir begegnen diesen Materialien in sehr vielen Industriezweigen, z.B. in der Kunststoff- und Gummi-Industrie, der Lebensmittel- und Futtermittel-Industrie, Mineralstoff-Industrie, in der organischen und anorganischen Chemie sowie im Bereich Steine und Erden.

Für die Handhabung dieser Produkte sind praktisch alle erforderlichen Verfahrenstechniken entwickelt worden. Es gilt nur, die für den jeweiligen Bedarfsfall und die damit verbundene technische und technologische Aufgabenstellung geeigneten und erforderlichen auszuwählen.

Es versteht sich von selbst, daß zur Lösung dieser Aufgabe ein Fachmann gefordert ist, der alle Einsatzkriterien objektiv beurteilen kann und der in der Lage ist, aus der Vielzahl der möglichen Problemlösungen die optimale herauszufinden.

In diesem Themenband wird auf zwei Gebiete der Schüttgutverfahrenstechnik näher eingegangen, mit denen Anwender und Anlagenplaner gleichermaßen am häufigsten konfrontiert werden.

Diese beiden Gebiete sind:
Innerbetrieblicher Schüttgut-Transport,
Beschickung von Verarbeitungsmaschinen, wie Mischer und Kneter.

Beim innerbetrieblichen Schüttguttransport denken wir in allererster Linie an die pneumatische Förderanlage. Sie hat sich in den letzten 20 Jahren allgemein durchgesetzt und die mechanische Förderung weitgehend verdrängt.

Die mechanischen Fördersysteme haben in bestimmten Einsatzbereichen auch heute noch ihre Daseinsberechtigung. Ich denke hier insbesondere an den Bereich Steine und Erden, wo wir es in vielen Fällen mit Produkten zu tun haben, die sich einfach nicht pneumatisch transportieren lassen.

Den Bereich der pneumatischen Förderung kann man grundsätzlich in drei Gruppen unterteilen. Diese Gruppen sind:
1. die Niederdruck-Förderanlagen
2. die Mitteldruck-Förderanlagen
3. die Hochdruck-Förderanlagen.

Das Hauptunterscheidungsmerkmal dieser Förderanlagen ist der Förderdruck, der durch entsprechende Aggregate, wie Ventilatoren, Ringspaltverdichter, Drehkolbengebläse, Schraubenverdichter, Kompressoren und Vakuumpumpen, erzeugt wird.

4.1 Niederdruck-Förderanlagen

Niederdruck-Förderanlagen, die im Druck- oder Unterdruck-Bereich bis etwa 0,1 bar arbeiten, werden im wesentlichen mit ein- oder mehrstufigen Ventilatoren betrieben (Bild 4.1).

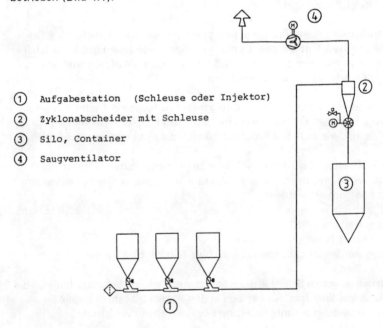

① Aufgabestation (Schleuse oder Injektor)

② Zyklonabscheider mit Schleuse

③ Silo, Container

④ Saugventilator

Bild 4.1:   Saug-Förderanlage (Niederdruck)

Sie werden vorzugsweise dort eingesetzt, wo geringe Förderleistungen verlangt werden, die aus produktspezifischen oder verfahrenstechnischen Gründen mit großen Luftmengen bewerkstelligt werden sollen.

Ein Beispiel hierfür ist die Absaugung von Mahlgut an einer Mühle (Bild 4.2), wo die Förderluft gleichzeitig zum Kühlen der Mahlanlage dient. Bei temperaturempfindlichen Materialien hat die Saugförderanlage ebenfalls Vorteile, da die Temperatursteigerung am Gebläse, also nach der Förderung, entsteht und somit keine Luftkühlung erforderlich ist. Häufigen Einsatz finden diese Förderanlagen auch als sogenannte Umluftanlagen, bei denen die Förderluft in geschlossenen Rohrkreisläufen zirkuliert (Bild 4.3).

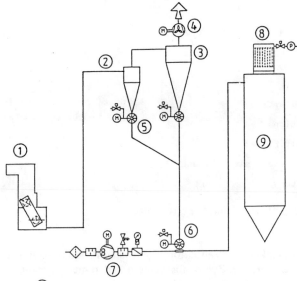

① Mühle

② Zyklon (Vorabscheider)

③ Zyklon (Nachabscheider)

④ Saug-Gebläse

⑤ Zellenradschleuse

⑥ Zellenradschleuse oder Injektor

⑦ Verdichter

⑧ Bunkerfilter

⑨ Silo

Bild 4.2:   Saug-Förderanlage — Druck-Förderanlage

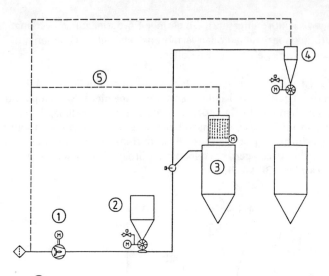

① Forderventilator

② Aufgabestation

③ Behälter mit Filter

④ Zyklon-Abscheider mit Schleuse

⑤ Rückgasleitung

Bild 4.3:   Druck-Förderanlage — Umluft-Förderanlage

Aufgrund der Unempfindlichkeit der Ventilatoren gegenüber Produktresten kann bei Umluftanlagen beim Einsatz von Zyklonabscheidern in den meisten Fällen auf Filteranlagen verzichtet werden. Darüber hinaus wird die Luftbilanz in Gebäuden nur minimal belastet, was besonders in der Heizperiode von Vorteil sein kann. Bei genügend langen Rohrleitungen wird sich auch die Förderluft- temperatur in vertretbaren Grenzen halten, da die Verdichtungswärme über die Rohroberfläche abgeführt wird.

4.2   Mitteldruck-Förderanlagen

Mitteldruck-Förderanlagen sind am weitesten verbreitet, da sie hinsichtlich apparativer Ausstattung und Energieaufwand sehr preisgünstig sind. (Sie arbeiten mit Drücken bis ca. 1 bar, Bild 4.4).

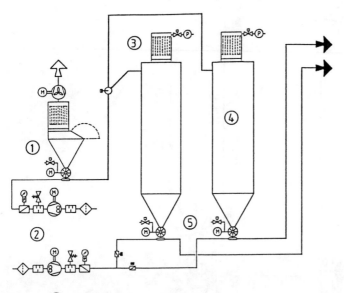

①   Sackaufgabe-Station

②   Verdichter

③   Bunkerfilter

④   Silo

⑤   Zellenradschleuse

Bild 4.4:   Druck-Förderanlage

Als Druckerzeuger kommen hauptsächlich Ringspaltverdichter und Drehkolben-Gebläse zum Einsatz.

Zur Einspeisung der Förderprodukte in den Luftstrom dienen fast ausschließlich Zellenradschleusen, deren konstruktive Ausführung sehr stark produktabhängig ist. Bei der Produkteinspeisung über Schleusen ist es sehr wichtig, dafür Sorge zu tragen, daß die Leckluft der Schleusen am Produkt-Einlauf gut abgeführt wird, da sonst, insbesondere bei sehr feinkörnigen Materialien, der Nachlauf gestört und bei sehr leichten Produkten unmöglich gemacht wird (Bild 4.5).

Leckluft-Abführtrichter, auf die Schleuse aufgesetzt, sorgen bei richtiger Ausführung für eine einwandfreie Abführung entweder über eine Ausgleichsleitung zurück in den Behälter oder aber über ein Filter ins Freie.

95

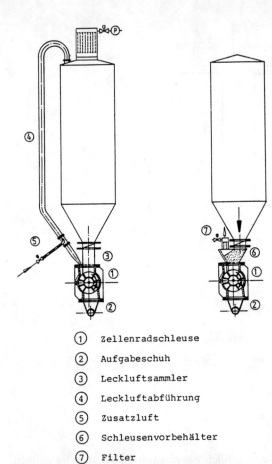

1. Zellenradschleuse
2. Aufgabeschuh
3. Leckluftsammler
4. Leckluftabführung
5. Zusatzluft
6. Schleusenvorbehälter
7. Filter

Bild 4.5:   Schleusenleckluftabführung

Zu berücksichtigen ist dabei, daß sich je nach Betriebsbedingungen und Produkt erhebliche Produktmengen in der Abluft befinden können, die wieder zurückgeführt werden müssen. Bei Ausgleichsleitungen, die ins Silo zurückgehen, ergibt sich oft die Notwendigkeit, durch Zusatzluft in dieser Leitung Fördergeschwindigkeit zu erreichen, um ein Verstopfen zu verhindern.

Zur Reinigung der Förderluft von Produktstäuben sind immer entsprechende Filteranlagen erforderlich, die je nach den physikalischen Eigenschaften der Förderprodukte mechanisch oder durch Preßluft-Gegenspülung abgereinigt werden müssen.

Die Ringspaltverdichter oder Drehkolben-Gebläse sind aufgrund der geringen Luftspalte zwischen Flügelrad und Gehäuse bzw. zwischen den Drehkolben und Gehäuse sehr empfindlich gegen Verschmutzung, weshalb bei Saugförderanlagen aus Sicherheitsgründen ein Gebläseschutzfilter vorzusehen ist. In der Regel sind diese Schutzfilter mit einem Differenzdruckmanometer ausgerüstet, die bei zu starker Verschmutzung die Förderanlage abschalten. Vorwiegend werden hier Kerzen- oder Schlauchfilter vorgesehen ohne automatische Abreinigung.

Bei Saugförderanlagen im Mitteldruckbereich werden die zu fördernden Produkte entweder über Saugrüssel oder Zellenradschleusen eingespeist (Bild 4.6), wobei Zellenradschleusen dann vorzuziehen sind, wenn eine gleichmäßige Beladung oder genau dosierte Produktaufgabe erforderlich ist. Saugrüssel finden Einsatz bei gut rieselfähigen Pulvern oder bei granulären Produkten.

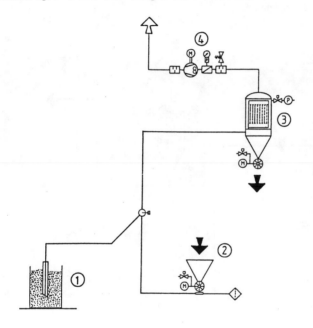

① Ansaug-Behälter (Container, Faß)

② Aufgabestation

③ Total-Abscheider

④ Verdichterstation

Bild 4.6: Saug-Förderanlage (Mitteldruck)

Aufgrund des Unterdruckes an der Zellenradschleuse entfallen hier natürlich die bei der Druckförderung erforderlichen Falschluftabführungen.

Saugförderanlagen bieten sich auch dort an, wo von mehreren Aufgabestellungen zu einer Empfangsstation zu fördern ist. Der apparative Aufwand und damit der Kostenaufwand sind hier besonders günstig, während bei der Förderung von einer Aufgabestelle zu mehreren Empfangsstationen die Druck-Förderanlage geeigneter ist.

Eine Kombination von Saug- und Druckanlage (Bild 4.7) wird dann erforderlich sein, wenn Behälter (Container, Fässer und dergl.) staubfrei zu entleeren und die Produkte auf eine oder mehrere Empfangsstellen zu fördern sind. Saug-Druck-förderer können, zu kompakten Einheiten montiert, mobil gemacht werden, was den Einsatzbereich erweitert.

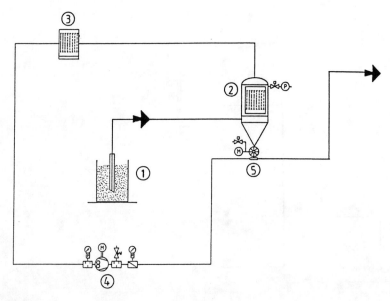

① Ansaugbehälter (Container, Faß ect.)

② Totalabscheider

③ Sicherheitsfilter

④ Verdichterstation

⑤ Zellenradschleuse

Bild 4.7: Saug-Druck-Förderanlage

4.3 Hochdruck-Förderanlagen

Hochdruck-Förderanlagen werden in der Regel mit Drücken zwischen 0,5 und 6 bar betrieben.

Als Druckerzeuger dienen Schraubenverdichter und Kompressoren. In manchen Fällen können auch Drehkolben-Gebläse ausreichend sein.

Diese Förderanlagen werden auch Druckgefäß-Förderanlagen genannt, weil als Aufgabestation für das Einspeisen des Produktes in den Förderluftstrom Druckgefäße Verwendung finden (Bild 4.8).

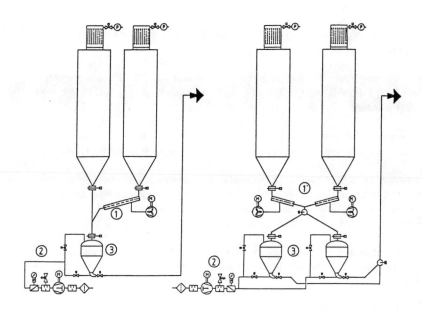

① Befüll-Einrichtung

② Verdichter

③ Fördergefäß

Bild 4.8: Hochdruck-Förderanlage

Beim Druckgefäß handelt es sich um einen Behälter, dessen Volumen im wesentlichen von der Förderleistung und den Einbauverhältnissen abhängt. In der Regel

99

arbeiten Druckgefäß-Förderanlagen diskontinuierlich, da sich Befüllen und Fördern im Wechsel ablösen.

Das zunächst leere und drucklose Druckgefäß wird durch Schnecken, Fließrinnen oder im Freien Fall befüllt. Durch Schließen des Füllventiles und des Förderventiles wird das Gefäß hermetisch abgeschlossen und durch den Drucklufterzeuger aufgepumpt. Bei Erreichen eines vorgegebenen Druckes öffnet sich das Förderventil, und die expandierende Luft läßt das Förderprodukt in die Förderrohrleitung entweichen.

Durch gezielte Aufteilung der Luft in Oberluft und Förderluft wird ein kontinuierlicher Förderstrom erzielt. Bei richtiger Aufteilung stellt sich dichter Förderstrom ein, der eine sehr hohe Aufladung bringt.

Unter Aufladung versteht man das Verhältnis zwischen Förderluft und Förderprodukt in der Rohrleitung.

Bei gut fluidisierbaren Produkten ist eine Aufladung von 60–80 zu erreichen, d.h. mit 1 kg Luft können 60–80, in manchen Fällen sogar bis 100 kg Produkt gefördert werden.

Zum Vergleich: Die durchschnittliche Aufladung bei Niederdruck-Förderanlagen liegt bei 2–4 kg/kg und bei Mitteldruck-Förderanlagen zwischen 8–10 kg/kg.

Normalerweise rechnet man bei Druckgefäß-Förderanlagen mit 6–10 Fördertakten je Stunde. Um die effektive Förderleistung zu steigern, bietet sich die Möglichkeit an, ein zweites Fördergefäß zu installieren. Beide Fördergefäße arbeiten im Wechsel, so daß eine quasi kontinuierliche Förderung entsteht.

Diese Doppelgefäß-Förderanlage kann aber auch dann erforderlich werden wenn nicht genug Bauhöhe, z.B. unter Silos, zur Verfügung steht und somit die gewünschte Förderleistung mit einem Fördergefäß nicht zu erreichen ist.

Übereinander angeordnete Gefäße sind eine weitere Möglichkeit, eine kontinuierliche Förderung zu erreichen. Da jedoch hierbei nach Entleerung des oberen Gefässes in das untere und Verschließen der Auslaufklappe das Gefäß drucklos gemacht werden muß, bedeutet das bei jedem Fördertakt den Verlust komprimierter Luft. Aus diesem Grund arbeitet dieses System weniger wirtschaftlich und wird nur in Ausnahmefällen eingesetzt.

Im Gegensatz zur Schleusenförderung entstehen bei der Druckgefäß-Förderung keine Leckluftverluste.

Wenn man von Einlaufschiebern und Förderventilen absieht, gibt es bei der Druckgefäßförderung keine bewegten oder sich drehenden Teile in Kontakt mit dem Produkt.

Auch diese Tatsache kann entscheidend sein für den Einsatz dieses Fördersystems.

So werden abrasive Produkte, wie Zement oder Quarzsand, und gemahlene Glasscherben in der Glasindustrie ausschließlich mit Druckgefäß-Förderanlagen transportiert.

Tankwagen zum Losetransport von Schüttgütern sind mit einigen Ausnahmen auch Druckgefäß-Förderanlagen. Hierbei ist der gesamte "Transport-Behälter" als Druckgefäß ausgelegt (Bild 4.9).

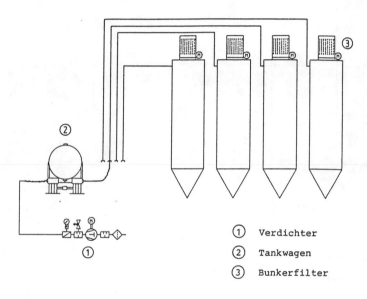

① Verdichter

② Tankwagen

③ Bunkerfilter

Bild 4.9:   Hochdruck-Förderanlage (Tankwagen-Entladung)

In den letzten Jahren hat sich die pneumatische Förderung auch Gebiete erschlossen, auf denen sie früher nicht einsetzbar war.

Ich denke hier an die Förderung von abriebempfindlichen Produkten, wie bestimmte Kunststoffe, geperlte Ruße etc., aber auch an Stoffe, die durch Verschleiß den Förderanlagen selbst, insbesondere den Förderrohrleitungen, stark zugesetzt haben.

4.4 Langsam-Förderanlagen

Es wurden die Langsam-Förderanlagen entwickelt.
Während man bei den vorstehend erwähnten Förderanlagen mit durchschnitt-
lichen Geschwindigkeiten in der Rohrleitung zwischen 15 und 30 m/sec arbeitet,
liegen die Fördergeschwindigkeiten bei der Langsamförderung zwischen 3 und
10 m/sec.

Den verschiedensten Langsam-Förderanlagen ist gemein, daß auf der gesamten
Länge der Förderrohrleitungen in mehr oder weniger großen Abständen Zusatzluft eingegeben wird (Bild 4.10).

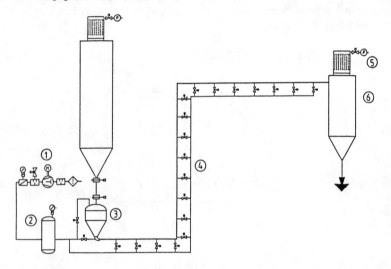

① Verdichter

② Luftspeicher

③ Fördergefäß

④ Förder- und Bypass-Leitung

⑤ Bunkerfilter

⑥ Silo

Bild 4.10: Langsam-Förderanlage

Dies kann entweder durch einen perforierten Schlauch erfolgen, der im Förderrohr verlegt ist, oder durch eine außen verlegte Bypassleitung, aus der über Drucksensoren oder Magnetventil gesteuert mehr oder weniger gezielt Zusatzluft in die Förderrohrleitung eingeleitet wird, um sich bildende Produktstopfen aufzulösen.

Wie sich leicht erkennen läßt, ist der Aufwand an Technik hier erheblich, so daß der Preis einer solchen Anlage erheblich höher liegt als bei einer "normalen" pneumatischen Förderanlage, nicht zu sprechen vom Wartungsaufwand. Hinzu kommt, daß diese Förderanlagen immer hohe Drücke erfordern, so daß in den meisten Fällen Druckgefäße installiert werden müssen.

Es gibt in der Zwischenzeit auch Zellenradschleusen, die für Drücke bis 3 bar einsetzbar sind und sich als Aufgabeorgan eignen. Diese Schleusen sind aber von der Konstruktion her sehr aufwendig.

Nach diesem groben Überblick über die verschiedenen Fördersysteme wenden wir uns dem anderen Gebiet, nämlich den Beschickungsanlagen, zu.

Während pneumatische Förderanlagen fast allen baulichen Gegebenheiten angepaßt werden können, sind bei den Beschickungsanlagen die Gebäude, in denen diese Anlagen installiert werden, ein bestimmendes Element.

Alle Beschickungsanlagen bestehen im wesentlichen aus folgenden Gruppen:

a) Materialbevorratung
b) Dosierung und Verwiegung
c) Beschickung der Verarbeitungsmaschine.

Je nach Anordnung dieser Einrichtungen sprechen wir von vertikaler oder horizontaler Anlagenkonzeption.

Die vertikale Anlagenkonzeption setzt ein entsprechendes, in den meisten Fällen mehrstöckiges Gebäude voraus, in dem die einzelnen Elemente der Anlage übereinander installiert werden. Diese Art der Beschickungsanlagen sind wohl am weitesten verbreitet, da sie ein hohes Maß an Betriebssicherheit gewährleisten und die verwogenen Chargen auf direktem Wege, also ohne Zwischentransporte, in die Verarbeitungsmaschine gelangen (Bild 4.11).

Zunächst gehören zu diesen Anlagen Tagesbehälter, die entweder pneumatisch aus Sackaufgabestationen oder Silos befüllt werden.

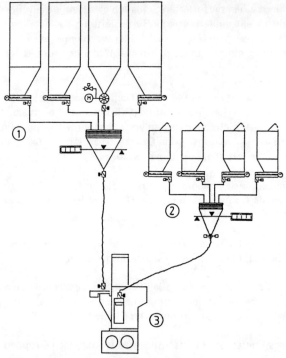

① Dosier- und Verwiege-Anlage
   für Hauptkomponenten

② Dosier- und Verwiege-Anlage
   für Klein- und Kleinstkomponenten

③ Mischer, Kneter etc.

Bild 4.11: Dosier- und Verwiege-Anlage (Vertikal-Anordnung)

Für Kleinkomponenten oder pneumatisch nicht transportierbare Produkte werden die entsprechenden Tagesbehälter mit Sackeinschüttgossen zur direkten Befüllung ausgerüstet.

Bei den meisten Produkten sind mechanische oder pneumatische Austragshilfen erforderlich, um einen möglichst gleichmäßigen und konstanten Austrag aus den Behältern in die Dosierorgane zu ermöglichen. Dieser gleichmäßige Austrag ist für eine einwandfreie Dosierung unbedingt erforderlich.

Als Dosierorgane werden in den meisten Fällen Dosierschnecken oder Dosierschleusen eingesetzt. Vibrations- oder Fließrinnen sind in bestimmten Fällen eine Alternative.

Die Verwiegung erfolgt über Behälterwaagen. Hier kommen heute fast ausschließlich entweder rein elektronische oder Hybridwaagen zum Einsatz.

Ein wichtiger Punkt der Planung ist die fachgemäße Ausführung der Wiegebehälter. Hier müssen Vorkehrungen getroffen werden, die eine schnelle und restlose Entleerung gewährleisten. Wiegebehälter mit mechanisch oder pneumatisch betätigten Austragshilfen bzw. Gummi-Wiegebehälter stehen hier zur Auswahl.

Die verwogenen Chargen müssen verlustfrei in die Verarbeitungsmaschinen eingebracht werden. Die eingesetzten Verbindungsleitungen und, soweit erforderlich, die Einfüllschächte an den Mischern müssen von Auswahl und Konstruktion her diesen Umständen Rechnung tragen.

Als Alternative zu dieser vertikalen Konzeption bieten sich Anlagen an, denen ein horizontaler Anlagenaufbau zugrunde liegt.

Bei diesen Anlagen erfolgt die Materialbevorratung in Lagersilos oder Tagesbehältern, die außerhalb des Mischereibereiches installiert werden (Bild 4.12).

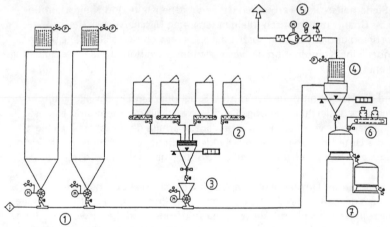

① Dosier- und Aufgabeschleusen

② Kleinkomponenten-Verwiegung

③ Aufgabestation für Kleinkomponenten-Charge

④ Saugwaage

⑤ Verdichter

⑥ Kleinstkomponenten-Zugabe

⑦ Mischer

Bild 4.12: Dosier- und Verwiege-Anlage — Horizontal-Anordnung

Die Hauptkomponenten werden mittels Zellenradschleusen in die Pneumatik eingespeist und in der Waage im Grob- und Feinstrom verwogen.

Sind an einer Charge Komponenten sehr unterschiedlicher Gewichte beteiligt, ist eine Verwiegung auf getrennten Waagen mit unterschiedlichen Wiegebereichen unbedingt erforderlich. Da das pneumatische Dosiersystem bei Klein- und Kleinstkomponenten nicht mit der erforderlichen hohen Dosier- und Verwiegegenauigkeit arbeiten kann, erfolgt die Verwiegung dieser Komponenten nach dem konventionellen System mit der Dosierung über Dosierschnecken. Die auf diese Weise zusammengestellte Kleinkomponenten-Charge wird während der Dosierung einer Hauptkomponente in den pneumatischen Förderstrom eingespeist und gelangt auf diese Weise in die Waage am Kneter. Selbstverständlich muß bei der Verwiegung der entsprechenden Hauptkomponente die Gewichtssumme der Kleinkomponenten entsprechend berücksichtigt werden.

Schwierigkeiten mit der Installation dieses Verwiegesystems ergeben sich jedoch dann, wenn die Hauptkomponenten und die Kleinkomponenten zu unterschiedlichen Zeitpunkten in den Mischer eingegeben werden müssen. Da es mit sehr hohen Sicherheitsrisiken verbunden ist, verwogene Klein- und Kleinstkomponenten als Charge pneumatisch in einen separaten Mischervorbehälter zu transportieren und aus diesem auszutragen, bietet sich für solche Fälle unter Umständen eine Kombination des vertikalen mit dem horizontalen Beschickungssystem an.

Während die Hauptkomponenten mittels Saug- oder Druckverwiegung direkt aus den Lagersilos dosiert und verwogen werden, wird für die Klein- und Kleinstkomponenten eine vertikale Verwiegeanlage oberhalb des Mischers installiert. Der für die Unterbringung dieser relativ kleinen Behälter benötigte Raum kann z.B. durch eine entsprechende Stahlkonstruktion geschaffen werden.

Eine weitere, unter Umständen auch sehr kostengünstige Lösung bietet eine Version, bei der unterhalb der Lager- oder Tagessilos, die außerhalb des Mischerbereiches aufgestellt sind, die Verwiegung stattfindet und die verwogene Charge dann mittels einer Druckförderanlage zur Verarbeitungsmaschine transportiert wird (Bild 4.13).

Zweckmäßigerweise wird der Waage ein Druckbehälter nachgeschaltet, der es erlaubt, ohne Luftverluste die Charge restlos und schnell über eine Schleuse in den Förderluftstrom einzuspeisen und zur Verarbeitungsmaschine zu transportieren.

Je nach Zykluszeit der zu beschickenden Maschinen und Auslegung der Dosieranlage ist so von einer Verwiegestation aus die Versorgung mehrerer Maschinen möglich.

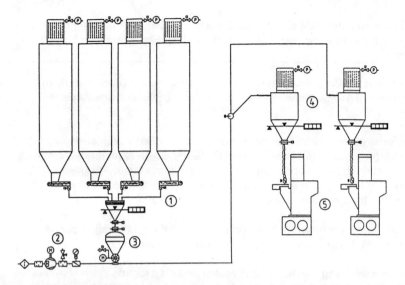

① Dosier- und Verwiege-Anlage
② Verdichterstation
③ Fördergefäß
④ Mischervorbehälter mit Kontrollwaage
⑤ Mischer

Bild 4.13:   Dosier- und Verwiege-Anlage (Horizontal-Anordnung)

Der Hauptnachteil dieser Lösung ist darin zu sehen, daß nach der Verwiegung, die ja in aller Regel mit höchster Präzision erfolgt, ein pneumatischer Transport der verwogenen Charge erforderlich wird. Sowohl im Waagennachbehälter als auch im Mischervorbehälter können bei unsachgemäßer Auslegung der Anlage Reste verbleiben, die zu einer Verfälschung der Rezeptur führen. Durch die Ausbildung des Mischervorbehälters als Waage mit Summen- und Nullkontrolle läßt sich dieser Nachteil kompensieren.

Bei klebrigen oder stark anhaftenden Produkten wird als Förderleitung auf entsprechende Werkstoffe, wie PE oder Gummi, zurückgegriffen, mit denen sich dann einwandfreie Ergebnisse erzielen lassen.

Für die Steuerung sowohl der Förderanlage als auch der Dosier-, Verwiege- und Beschickungsanlage bieten sich alle heute üblichen Techniken an.

107

Auch hier wird aufgrund betrieblicher Bedürfnisse, aber auch bezogen auf den Anlagenumfang, zu entscheiden sein, welche Art der Steuerung zum Einsatz kommt.

Wenn wir uns beispielsweise den modernen Mischsaal einer Gummifabrik anschauen (Bild 4.14), sehen wir den Einsatz einer prozeßabhängigen Knetersteuerung (PKS).

Die Anforderungen an einen modernen Mischsaal machen Automatisierungssysteme erforderlich, die möglichst viele Einflüsse, die die Qualität der Mischung oder der Produktion beeinträchtigen. Hierzu muß die gesamte Anlage in ein gemeinsames Konzept eingebunden werden. Die Steuerung der Beschickungsanlage und des Innenmischers stehen dabei im Vordergrund.

Einbezogen sind alle wesentlichen Komponenten auf der Beschickungsseite, wie Tagessilos, Dosierorgane und Beschickungseinrichtungen.

Der Innenmischer mit seinen Hilfsaggregaten und die nachfolgenden Maschinen, wie Walzwerke, Extruder oder Fellkühlanlagen, sind mischtechnologisch wichtige Elemente und werden auch entsprechend in der Steuerung berücksichtigt.

Diese Prozeßrechner-Steuerung ist für drei Anwendungsbereiche zuständig:

1. *Dosier- und Verwiegesteuerung*
   Sie ist verantwortlich für den Materialfluß aus den Silos über die automatischen Waagen bis in die Bereitstellungsbehälter. Handverwogene Komponenten, wie z.B. Kautschuk auf einer Bandwaage, werden rechnergeführt und rechnerkontrolliert verwogen. Damit wird ein weitgehend automatischer Betrieb mit überwachtem Materialtransport sichergestellt.

2. *Mischersteuerung*
   Parallel zur Verwiegesteuerung arbeitet die Mischersteuerung, deren Verbindung zur Verwiegung über die Materialabrufe erfolgt. Der Innenmischer, die Temperiereinrichtungen und auch die Nachfolgemaschinen, wie z.B. Walzen, werden rezeptabhängig gesteuert.

3. *Produktionsführung*
   Die verbindende Klammer zwischen Verwiegesteuerung und Knetersteuerung stellt die Produktionsführung dar. Hierunter werden folgende Funktionen verstanden:
   — Speicherung der Rezeptur- und Fahrdaten
   — Bilanzierung der Materialverbrauchsdaten
   — Planung der Produktion über Schichtpläne
   — Überwachung der Produktion inklusive Registrierung von Störmeldungen
   — Meßdatenerfassung

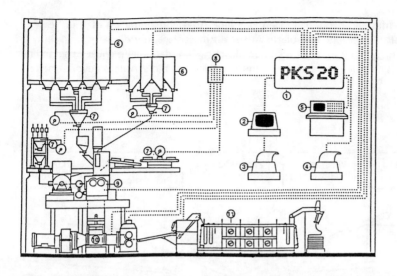

① Prozeßrechnersystem PKS 20 *

② Bildschirm-Eingabestation

③ Datendrucker

④ Protokoll- und Störmeldedrucker

⑤ Steuerpult für Hochleistungs-Innenmischer
mit Kontroll-Bildschirm

⑥ Materialbereitstellung (Silos)

⑦ Verwiegung von Rußen, Additiven,
Weichmacher und Kautschuk

⑧ Verwiegesteuerung

⑨ Hochleistungs-Innenmischer GK

⑩ Ausformextruder EAE mit Rollerdie

⑪ Fellkühlanlage mit Wig-Wag-Schneid-Stapel-
vorrichtung

* System Werner & Pfleiderer

Bild 4.14: Prozeßrechnergesteuerte Gummimischanlage

Zusammenfassend kann man sagen, daß jede Anlagenplanung, sei es "nur" eine Förderanlage oder eine komplette Aufbereitungsanlage, nur dann optimal sein kann, wenn alle relevanten Daten berücksichtigt werden, die in enger Zusammenarbeit zwischen den Anlagebauern und den Betreibern der Anlage zuvor ermittelt wurden.

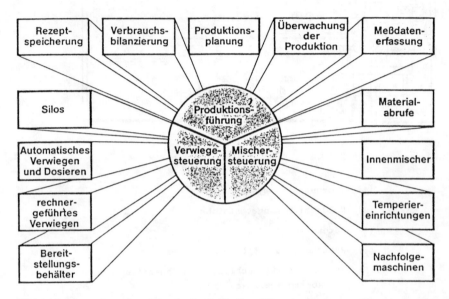

Bild 4.15: Anwendungsbereiche der Prozeßrechnersteuerung

110

5 Neue Abfüll- und Verpackungstechniken für Schüttgüter

J. Rolf

Sobald ein Produkt fertiggestellt und kundenspezifisch aufbereitet ist, stellt sich die Frage, wie es am besten zum Verbraucher gebracht werden kann. Verpakkung und Transport sind essentiell für eine umfassende Vermarktungsstrategie. Grundsätzlich läßt sich sagen: "Ein schadenvermeidender, schneller, sicherer und kostengünstiger Produkttransport erfordert eine produktspezifische Verpakkung und ein optimales Transport- und Sicherheitssystem."

Wer produktspezifisch abfüllen und verpacken will, muß zu allererst sein Produkt genau kennen. Diese Beziehung besagt im Wortsinn zunächst nur, daß diese Produkte geschüttet werden, ihnen also ein bestimmte Fallhöhe zugemutet werden kann. Über den Aggregatzustand der Produkte wissen wir damit erst recht wenig. Gemäß unserem täglichen Sprachgebrauch schütten wir Flüssigkeiten. Ein Sprichwort warnt z.b. davor, das Kind mit dem Bade auszuschütten. In der Terminologie der Verpackungstechniker hingegen gehören Flüssigkeiten gerade nicht zu den Schüttgütern, sondern zusammen mit den pastösen Stoffen zu den fließenden Gütern

5.1 Der Charakter von Schüttgütern

Für den Verpackungstechniker bestehen Schüttgüter grundsätzlich aus einer amorphen Masse fester Einzelelemente. Diese festen Einzelelemente können so winzig sein, daß wir von pulverigem Schüttgut sprechen, oder aber so groß, daß von stückigem Schüttgut die Rede ist. Innerhalb dieser Bandbreite bewegen sich sämtliche Schüttgüter. Meistens werden sie nach der Größe und Eigenart ihrer Einzelelemente weiter differenziert in feinkörnige, grobkörnige, kristalline oder granulierte Produkte, wobei für die Verpackungstechnologie die jeweilige Rieselfähigkeit von entsprechender Bedeutung ist. Bei gut rieselfähigen Gütern kann deren Schwerkraft bei der Zuführung zur Abfüll- und Verpackungsstraße genutzt werden.

Problematisch sind Schüttgüter, die aus einer Mischung mehrerer Komponenten von unterschiedlichem spezifischem Gewicht oder unterschiedlicher Gleitfähigkeit bestehen. Hier helfen in der Regel nur konkrete empirische Versuche, um die gesamte Förder- und Verpackungslinie so abzustimmen, daß eine Entmi-

111

schung des Füllguts vermieden wird. Besonders tückisch — natürlich nur unter
dem Aspekt des Verpackens — sind die Schüttgüter mit fluidisierenden Eigenschaften. Sie verhalten sich weitgehend so wie fließende Güter. Durch den gros-
sen Luftanteil, der in ihnen enthalten ist, haben sie ein veränderliches Volumen
bei gleichbleibendem Gewicht. Wenn sie in ein nicht starres Verpackungsmittel —
also beispielsweise in einen Sack statt in einen Karton oder eine Tonne — geschüttet werden, muß mit erheblicher Instabilität gerechnet werden. Das Verhalten der mit fluidisierenden Produkten gefüllten Säcke ist mit den PE-Milch-
beuteln zu vergleichen.

Was ist nun, um die Frage nach der produktspezifischen Verpackung — womit
der gesamte Verpackungsprozeß gemeint sein kann — noch weiter einzuengen,
das optimale produktspezifische Verpackungsmittel für Schüttgüter? Vor allem
unter Kostengesichtspunkten muß den Beuteln und Säcken der Vorzug vor
anderen möglichen Verpackungsmitteln gegeben werden. Hauptmerkmal von
Beuteln und Säcken ist ihr geringer Platzbedarf im ungenutzten Zustand und
ihre Anpassungsfähigkeit an das jeweilig Füllgut. Der Schritt von der Bevorratung
der Säcke auf Rollen oder in Magazinen hin zu ihrer Befüllung ist relativ einfach
durchzuführen. Da wir Schüttgüter ja als eine amorphe Masse aus festen Einzel-
elementen definiert hatten, der eine gewisse Fallhöhe zuträglich ist, versteht es
sich von selbst, daß an die Form des Verpackungsmittels keine besonderen An-
sprüche gestellt werden. Im Gegenteil, das Schüttgut selbst kann genutzt werden,
um das Verpackungsmittel auf sein gesamtes Fassungsvermögen auszudehnen.

5.2   Die komplette Verpackungsstraße

Mit diesen wenigen Hinweisen ist das Wichtigste über Schüttgüter und deren
optimale produktspezifische Verpackungsmittel gesagt. Im folgenden soll nun
an einer beispielhaften Anlage für schwierige fluidisierende Produkte der aktuelle
Stand der Verpackungstechnologie für Schüttgüter aufgezeigt werden. Bei un-
problematischeren Schüttgütern wird man auch mit einer Vereinfachung bzw.
Reduzierung dieser Anlage zurecht kommen.

Verpackungslinien setzen sich fast immer aus Einzelbausteinen zusammen, die
durch Förderelemente miteinander verbunden sind. Die Schnittstellen zwischen
den Einzelbausteinen sind unkompliziert, so daß wir sie relativ frei miteinander kombinieren können.

Wie aus Bild 5.1 ersichtlich ist, gliedert sich die Verpackungslinie in fünf Bausteine, wobei einzelne Bausteine noch weiter zergliedert werden können. Da ist
zunächst der Wiege- und Absackbereich, der zunächst als Einheit betrachtet
werden soll. Daran schließt sich die Sackverschließanlage an.

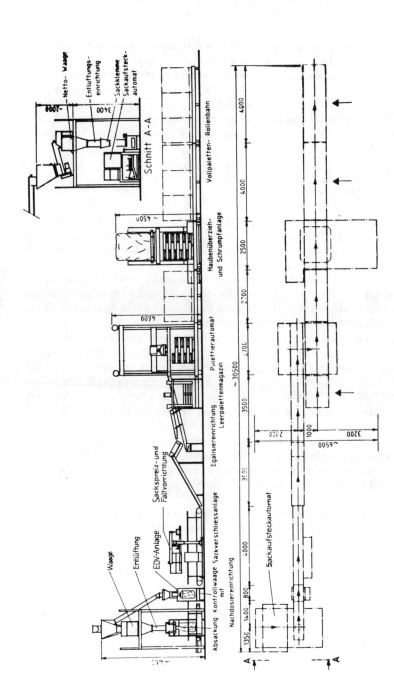

Bild 5.1: Eine komplette Verpackungsstraße für Schüttgüter mit ihren Einzelbausteinen

113

Diese beiden Bausteine zusammen bilden eine Absacklinie. Von der Sackverschließmaschine gelangen die Säcke zur Egalisiereinrichtung, wo sie für das Palettieren vorbereitet werden, Im Palettierautomaten werden die Säcke dann nach einem bestimmten Muster auf Paletten abgelegt. Den letzten Baustein der Verpackungslinie bildet die Palettensicherung, in unserem Fall eine Haubenüberzieh- und Schrumpfanlage, die zugleich einen wirkungsvollen Witterungsschutz bietet. Die sich daran anschließende Vollpaletten-Rollbahn führt ins Lager oder zur Verladung.

5.3 Wiegen und Absacken

Das Wiegen bzw. Dosieren und das Abfüllen gehören unmittelbar zusammen. Eine gewogene Charge ist nur durch das Abfüllen als solche zu bewahren. Schüttgüter können, seien sie nun pulvrig oder stückig, gravimetrisch oder volumetrisch portioniert und abgefüllt werden. In unserem Beispiel wird mit einer gravimetrischen Abfüllwaage gearbeitet. Der Begriff "Abfüllwaage" meint eine automatisch arbeitende Waage, die durch geeignete Zuführeinrichtungen das Füllgut in bestimmten Zyklen dosiert. Das Gewicht der abzufüllenden Chargen ist dabei vorwählbar. Entweder aus der laufenden Produktion oder aus einem Vorratsbunker kommt das Schüttgut in den Vorratstrichter, von wo aus es mittels Förderschnecke in den Wägebehälter rieselt. Ein elektrisches Signal meldet, sobald der Wägebehälter mit der vorgegebenen Menge gefüllt ist, dieses an die Förderschnecke, worauf diese anhält und so eine vollautomatische Sperre zwischen Vorratstrichter und Wägebehälter bildet. Aus dem Behälter der Netto-Waage fällt dann die gewogene Charge in die an den Auslauftrichter der Waage montierte Entlüftungseinrichtung. Dies ist eine Spezialeinrichtung für fluidisierende Produkte mit hohem Luftanteil. Sie muß, um sinnvoll zu sein, dem Abfüllen unmittelbar vorgeschaltet sein. Würde die Entlüftung in einer früheren Phase vorgenommen, so müßte damit gerechnet werden, daß sich das Füllgut während des Förderprozesses bis hin zur Abfüllung wieder mit Luft anreichert.

An jeder Seite der in Parallelflachform ausgeführten Entlüftungseinrichtung befinden sich drei Luftabsaugedüsen. Die Innenwände sind mit porösen Platten aus gesintertem Nylonmaterial verkleidet, die mit der Vakuumpumpe verbunden sind. Während des Absaugvorgangs ist der Entlüftungsbehälter allseitig geschlossen. Da sich pulvrige Füllgüter in ihren Eigenschaften erheblich unterscheiden können und einige stark adhäsiv sind, ist das Innere des Entlüftungsbehälters wie auch die anderen produktführenden Maschinenteile mit einem antiadhäsiven Belag ausgestattet. Außerdem sind im oberen Bereich zwei große pneumatische Heber mit geschlitzten Blechen verbunden, die dazu dienen, jene Produktanteile abzustreifen, die durch das Vakuum an den Wänden der porösen Platten haften bleiben.

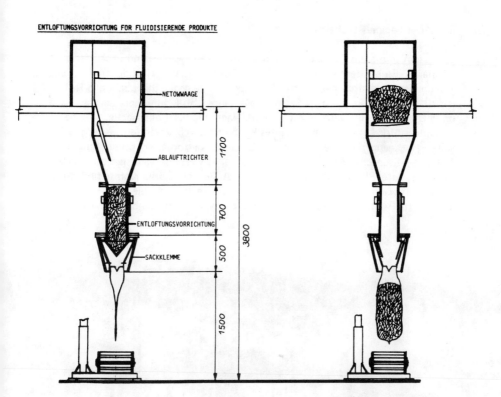

ENTLÜFTUNGSVORRICHTUNG FÜR FLUIDISIERENDE PRODUKTE

NETOWWAAGE

ABLAUFTRICHTER

1100

700

ENTLÜFTUNGSVORRICHTUNG

3800

SACKKLEMME

500

1500

Bild 5.2: Schema der Entlüftungsvorrichtung für fluidisierende Produkte

Wenn sich die Entleerungsklappe der Nettowaage öffnet, sind die Auffangklappen der Entlüftungsvorrichtung geschlossen. Während die Waage die nächste Charge auswiegt, wird das Vakuum aktiviert und das Produkt entlüftet. Parallel zur Entlüftung des Füllgutes wird volautomatisch der nächste Sack aus dem Magazin genommen und zur Befüllung vorbereitet. Das Produkt gleitet dann aus geringster Höhe direkt in den Sack bzw. Beutel. Die Möglichkeit von Luftzufuhr ist ausgeschlossen. Die Entlüftung geschieht in Totzeit, das heißt, dieser Prozeß wird während des Auswiegens der nächsten Charge abgeschlossen. Es wird keine zusätzliche Zeit in Anspruch genommen. Die Gesamtanlage hat mit und ohne Entlüftungsvorrichtung die gleiche Kapazität von 9–10 Sack pro Minute.

115

5.4 Der Sackaufsteckautomat

Er besteht in diesem Fall aus einem großen Einzelsackmagazin mit Aufsteck-
mechanik. Eine Alternative zu den Einzelsäcken sind vorgefertigte Foliensäcke
von der Rolle. Hauptvorteil der Foliensäcke ist die große Stückzahl pro Rolle.
Bis zu 10 000 Säcke kann als Sackkette auf einer Rolle untergebracht sein und
ohne Unterbrechung verarbeitet werden. Nachteile der Foliensäcke: Auf bestimmte Anforderungen des Füllgutes kann nur durch Veränderung der Material-
stärke eingegengen werden. Mit einem Einzelsackautomaten können hingegen
fast jede gewünschte Art von Säcken verarbeitet werden, seien sie nun aus Papier,
PE-Folie, Jute, PP-Gewebe oder sonst was. Außerdem ist die Kompatibilität der
Sackaufsteckautomaten mit Einzelsackmagazin recht groß. Sie können mit fast
allen Netto- und Bruttowaagen, Näh- und Schweißlinien kombiniert werden.

Bild 5.3:   Aufsteckautomat mit automatischem Sackmagazin

Die Funktionsweise des Sackaufsteckautomaten (Bild 5.3) ist einfach und effi-
zient: Vier Saugerleisten saugen den jeweiligen Sack von oben an und ziehen
ihn aus dem Magazinwagen. Dabei öffnet sich der Sack genügend mit, damit die
Expansionszange des Sackgreifers hineinfahren kann. Die Expansionszange

strafft die Öffnung und bringt den Sack in einer Aufwärtsbewegung zur Sack-klemme. Zwei Platten und zwei mechanische Greifer halten den Beutel während des Einfüllvorgangs fest, damit kein Füllmaterial verloren gehen kann. Anschlie-ßend fahren die zwei Platten zurück, während die beiden Greifer den gefüllten Beutel beim Hinuntergleiten auf das Band begleiten und den Sackrand glatt-ziehen.

5.5 Die Kontrollwaage

Der noch offene Sack wird mittels Förderband auf die Kontrollwaage transpor-tiert, die mit einer Nachdosiereinrichtung kombiniert ist (Bild 5.4). Gerade bei schwierigen Füllgütern ist heute eine Ergängzung der Wiege- und Abfüllvorrich-tung um eine Kontrollwaage fast unerläßlich. Den gesetzlichen Vorschriften über die Einhaltung der Füllmengen innerhalb festgelegter enger Toleranzen kann anders kaum Genüge getan werden. Auch das wirtschaftliche Eigeninteresse — häufig werden ja sehr hochwertige Rohprodukte abgefüllt — spricht für eine kontinuierliche Kontrolle.

Bild 5.4:
Kontrollwaage mit
Nachdosiereinrichtung

117

In unserem Fall wird mit einer statischen Kontrollwaage im Gegensatz zu den dynamischen Durchlauf-Kontrollwaagen gearbeitet. Statisch bedeutet hier, daß das zu kontrollierende Gebinde in ruhendem Zustand gewogen wird. Statische Kontrollwaagen zeichnen sich durch größere Genauigkeit aus, da sie frei sind von mechanischen Beeinflussungen. Freilich können statische Kontrollwaagen nie die Schnelligkeit der dynamischen erreichen, da der Wiegevorgang immer mit einer Unterbrechung des Produktstroms verbunden ist. Wenn die Kontrollwaage ein Mindergewicht anzeigt, wird über einen elektrischen Impuls die Nachdosiereinrichtung in Gang gesetzt. Unsere Beispielanlage ist so eingerichtet, daß die Nettowaage grundsätzlich ca. 10 g unter Sollgewicht abwiegt, damit bei der Nachdosierung nicht zu geringe Einheiten abgerufen werden, die sich in die mechanische Bewegung einer Förderschnecke gar nicht mehr übersetzen lassen. Die Nachdosiereinrichtung speist sich aus dem Vorrratstrichter, der auch die Nettowaage beschickt.

Die Kontrollwaage ist der Punkt, wo am sinnvollsten eine EDV-Anlage zur statistischen Auswertung des Produktionsablaufs und zu dessen Steuerung anzuschließen ist. Die Gewichtsdaten der gemessenen Packungen werden gespeichert und durch ein integriertes Statistik-Programm ausgewertet.

Im Zusammenhang mit der hier als Beispiel dienenden Verpackungslinie mag dies als Erläuterung zur Kontrollwaage reichen. Es sollen noch einige Punkte angeführt werden, die zu bedenken sind, wenn man vor einer konkreten Investitionsentscheidung steht.

- Kommt es vor allem auf Leistung oder auf Genauigkeit an? − Beide Größen beeinflussen sich gegenseitig. Mit zunehmender Leistung wird die Genauigkeit entsprechend geringer.

- Muß die eingesetzte Kontrollwaage eichfähig sein? − Wenn die Waage zur Füllmengenkontrolle gemäß FPVO (Fertigpackungsverordnung) eingesetzt wird, muß von der Physikalisch-Technischen Bundesanstalt (PTB) eine entsprechende Zulassung erteilt worden sein.

- Soll es eine mikroprozessorgesteuerte Anlage sein? − Darauf kann man vor allem dann nicht verzichten, wenn es auf die schon genannte Tendenzsteuerung ankommt.

- Sollen − was bei mikroprozessorgesteuerten Anlagen immer sinnvoll ist − die statistischen Protokolle automatisch ausgedruckt werden? − Dazu genügt bereits ein kleiner Nadeldrucker. Nicht nur die von der FPVO geforderten Daten, sondern auch die intern gewünschten Daten kann man sich vom Mikroprozessor ausrechnen und dann natürlich auch ausdrucken lassen.

● Schließlich muß man sich fragen, welches der verschiedenen Wägesysteme für den jeweiligen Einsatzbereich am ehesten geeignet ist. Die Kontrollwaage in der hier vorgestellten Anlage arbeitet mit Dehnungsmeßstreifen. Sie ist insbesondere für die Messung größerer Kräfte gut geeignet.

Bild 5.5:   Spreizautomat für Seitenfaltsäcke mit anschließender Nählinie

5.6 Der Sackverschluß

Das Gewicht der Säcke ist kontrolliert, die Charge ist auf ihr Sollgewicht nachdosiert worden, Als nächstes muß der Sack verschlossen werden. Per Förderband geht es zur vollautomatischen Verschließeinheit. Während der Sack zur Nähmaschine transportiert wird, zieht der Sackspreizer den Sackrand glatt. Der Ketteneinzug greift den Rand und führt ihn exakt unter die Nähmaschine, die automatisch einschaltet, näht, ausschaltet und die Fadenkette durchtrennt. Beim Nähen kann automatisch ein Etikett mit angenäht werden, während ein Stempelautomat die notwendigen Daten ausdruckt.

Je nach Füllgut werden sehr unterschiedliche Anforderungen an die Sackverschließtechnik gestellt. So kann der eigentlichen Verschließeinheit eine Vorrichtung zum Umfalten des Sackrandes vorgeschaltet sein. In anderen Fällen wird der zugenähte Sackrand durch ein von der Rolle kommendes Kreppband geschützt oder die Naht wird durch zusätzliche Anbringung eines Selbstklebebandes auf der Naht doppelt gesichert. Wenn es auf nahezu hermetisch verschlossene Säcke ankommt — etwa weil sonst Aromaverlust zu befürchten ist — arbeitet man am besten mit Mehrlagensäcken oder sogenannten "Pinch-Top"-Säcken.

Bei Mehrlagensäcken wird mit einem Dreifach-Verschluß gearbeitet, der auch sehr starken Belastungen bei Lagerung und Transport standhält. Der gefüllte Sack kommt aufrecht stehend zur Verschließeinheit, wo er von den Führungsketten erfaßt wird. Die Führungsketten geleiten den Sack durch die gesamte Maschine und sorgen während der einzelnen Arbeitsgänge für eine einwandfreie Führung des Sackmundes. Der Sack wird in den meisten Fällen zunächst im Schweißbereich gereinigt und sofort durch sämtliche Schichten hindurch vernäht. Anschließend wird die Sackoberkante parallel zur Nähnaht abgeschnitten und das auf einer Rolle flach aufgewickelte Reiterband abgezogen und durch einen Formschuh hindurch auf den Sackmund aufgefaltet. Beim Durchlaufen der Heizsektion wird das Polyethylen (PE) sowohl des Einstecksackes bzw. der Innenbeschichtung plastifiziert. Der im Anschluß an die Heizsektion angeordneten Andruckrollen bewirken eine einwandfreie Verbindung der plastifizierten Zonen. Eine Kühlsektion beschleunigt bei Bedarf die Nahtabkühlung.

Beim Verschließen von "Pinch-Top"-Säcken wird auf jegliche Packhilfsmittel wie Nähfaden, Papierreiterband oder flüssige Klebstoffe verzichtet. Die Pinch-Top-Säcke zeichnen sich durch heißsiegelfähige Innenwände und eine Heißleim-Schmelzkleberbeschichtung auf der Verschlußlasche aus. Jeder Pinch-Top-Sack durchläuft zuerst die Heizbackensektion, in der der PE-Einstecksack zugeschweißt oder die PE-Innenbeschichtung zugesiegelt wird. Im Anschluß wird der Sack von einem Falzrollenpaar für die nachfolgende Umfaltung der Verschlußlasche vorgerillt. Anschließend wird der Heißleim-Schmelzkleber mit Heißluft reaktiviert und der obere Sackrand an der Rillung umgefaltet. Zwischen einem Paar Andruckriemen wird die Faltung solange angepreßt, bis der Heißleim-Schmelzkleber abgebunden hat. Das Ergebnis sind absolut hermetisch verschlossene Säcke mit optimaler Nahtentlastung.

5.7 Palettieren

Auch an diesem Bereich stellen fluidisierende Füllgüter besonders hohe Anforderungen. Selbst wenn diesen Gütern durch die Entlüftungseinrichtung große Teile an Luft entzogen werden, verlieren sie nicht ihren unberechenbaren Charakter. Die geschlossenen Säcke neigen zu schneller unkontrollierter Verformung. Gerade beim Drehen und Wenden der Säcke — unerläßliche Vorgänge beim Palettieren mit Schiebeblechpalettierern — führt die plötzliche Verformung

120

zu unwillkommenen Verzögerungen oder gar Unterbrechungen des gesamten Arbeitsablaufs. Häufig werden fertig palettierte Sacklagen durch das Überschieben der folgenden Lage vom Stapel heruntergeworfen und einzelne Säcke platzen auf. Ein für diesen problematischen Bereich besser geeignetes Palettiersystem muß zunächst einmal eine Greifvorrichtung haben, die auch Säcke mit fluidisierendem Inhalt sicher und zugleich schonend aufnimmt.

In der Beispielanlage wurde dem eigentlichen Palettierautomaten eine spezielle Egalisierungseinrichtung vorgeschaltet, die jeden Sack in gleich Form und Dicke bringt. Sie besteht aus einem Preßband mit seitlichen Führungsleisten, Höhenverstellung und Dämpfer. Jeder durchlaufende Sack wird gestaucht und dadurch für die präzise Aufnahme durch das Greifersystem des Palettierautomaten vorbereitet. Das zwölfarmige Greifersystem kann jeden Sack mit hoher Geschwindigkeit aufnehmen und an dem vorprogrammierten Platz ablegen (Bild 5.6). Die Positioniertoleranzen betragen nur 2 bis 3 mm, so daß auch schwierige Sackarten problemlos abgestapelt werden können. Die Mikroprozessor-Steuerung des Palettierers kann 32 unterschiedliche Programme speichern.

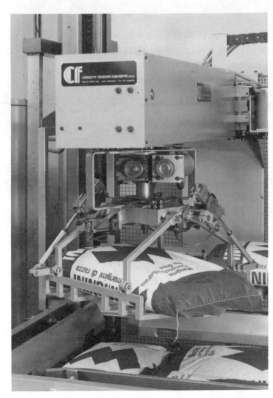

Bild 5.6:
Greifvorrichtung des
Robotpalettierers

121

Wenn die Säcke kein palettiergerechtes Format haben, die Sackanlagen also breiter ausfallen als die Palette selbst, legt der Palettierer die Säcke mit dem oberen Rand übereinander. Aus diese Weise werden kompakte Sackschichten erzielt. Was die Kapazität angeht, so verarbeitet der beschriebene Palettierer bis 600 Sack pro Stunde, wobei die Säcke ein Gewicht von 1 bis 100 kg haben können. Jede Palette kann mit 20 Sackschichten bestückt werden. Dann wird die Palette über das Rollband weggeführt und aus dem Palettenmagazin, das 10 Leerpaletten bereit hält, die nächste Palette zum Befüllen positioniert.

5.8 Palettensicherung

Die bestückte Palette wurd zur Palettensicherung geführt. Da der Palettierroboter mit extremer Präzision arbeitet und ein für den jeweiligen Sack- oder Beuteltyp geeignetes Packschema gewählt werden kann, haben die Paletten ohnehin schon ein hohes Maß an Sicherheit und Stabilität. Unter normalen Bedingungen kann daher häufig auf eine zusätzliche Palettensicherung verzichtet werden. Sie empfiehlt sich vor allem dann, wenn die Transportwege relativ lang sind und damit natürlich die Gefährdungsmomente wachsen. Wenn das Füllgut sehr wertvoll ist und auch geringe Risikofaktoren ausgeschlossen werden sollen, ist eine zusätzliche Palettensicherung unerläßlich.

Alle gängigen Sicherungssysteme arbeiten mit Folien normaler Durchschnittsqualität. Im wesentlichen gibt es zwei Arten der Verarbeitung: das Schrumpfen und das Strecken der Folie. Beim Strecken wird die gesamte Palette straff in eine Folienbahn, die von der Rolle kommt, eingewickelt. Bei diesem Vorgang ist in der Regel nicht die umwickelnde Maschine, sondern die Palette das sich bewegende Teil. Ein Segment der Rollbahn ist auf einer Drehplatte aufgebaut, sobald die Palette auf diesem Segment steht, beginnt es sich zu drehen. Die Palette wickelt sich dabei gleichsam selbst in die Banderolierung ein. Man unterscheidet die spiralförmige und die geradlinige Banderolierung. Bei der spiralförmigen wird die Palette durch mehrere Drehungen in eine schmale Folienbahn eingewickelt. Auf Grund der schmalen Folie ist diese Banderolierung für unterschiedliche Palettenhöhen geeignet, in ihrer Kapazität jedoch relativ gering. Bei anderen Banderolierungsarten entspricht die Rollenbreite der Palettenhöhe, was sich auf das Verarbeitungstempo natüurlich günstig auswirkt.

Grundsätzlich läßt sich zu diesen folienstreckenden Palettensicherungen sagen, daß sie sich durch geringe Energiekosten auszeichnen, da sie ohne Wärmeanwendung auskommen.

Palettensicherung durch Schrumpfen basiert auf der kurzzeitigen Erwärmung der Folie. Die gesamte Palettenladung wird allseitig dicht umschlossen und auch die Palette selbst kann an allen vier Seiten unterschrumpt werden. Die Folie liegt dann faltenfrei unter allen vier Seiten der Palette, an den Ecken sogar dreilagig. Heute wird beim Schrumpfen mit besonders niedrigen Heißlufttemperaturen gearbeitet, was den Einsatz auch sehr dünner Folien ermöglicht, ohne daß ein Reißen oder Entstehen von Dehnungslöchern zu befürchten ist. In unserer Beispielanlage kommt eine Haubenüberziehmaschine zum Einsatz. Der Name beschreibt recht anschaulich das zugrundeliegende Prinzip. Bei dieser Technik wirken keine seitlichen Kräfte auf die gestapelten Güter ein, sie ist daher besonders gut für problematische Sackarten geeignet. Das Ergebnis ist eine optimale Transportsicherung, die zugleich eine wirkungsvollen Witterungsschutz darstellt.

5.9 Steuerungssysteme

Damit sind wir am Ende unserer Verpackungsstraße für schwierige Schüttgüter angelangt. Bleiben noch ein paar Sätze zur Steuerung der Anlage anzufügen: Es wird in diesem Fall mit einer speicherprogrammierbaren Steuerung gearbeitet. Im Gegensatz zu den früheren eingesetzten Relais- und Schutzsteuerungen können jegliche Funktionsänderungen leicht und einfach durchgeführt werden. Das gewünschte Programm ist aus einzelnen Anweisungen zusammengesetzt und im Programmspeicher der Steuerung hinterlegt. Entsprechend den einzelnen Anweisungen erfaßt das Automatisierungsgerät die Signalzustände der Geber, verknüpft sie miteinander und übermittelt das Ergebnis an die Schaltgeräte. Nicht nur das Programmieren und damit die Inbetriebnahme ist einfach, sondern ebenso einfach ist die Änderung des Programmes. Ein Ändern des Aufbaus und der Verdrahtung ist dazu nicht notwendig. Sobald ein Programmiergerät an das Automatisierungsgerät angeschlossen ist, lassen sich die Programmteile durch Tastendruck änder, löschen oder ergänzen. Durch den modularen Aufbau der Steuerung ist gesichert, daß sie sehr flexibel an eine nach und nach ausgebaute Verpackungsstraße angepaßt werden kann.

5.10 Resümee

Es ist deutlich geworden, daß es nicht die Verpackungslösung schlechthin für Schüttgüter gibt. Die jeweilige Aufgabenstellung wird immer gesondert untersucht werden müssen, damit das wirklich passende Abfüllsystem gefunden wird. Jede Verpackungslinie kann aus einer Fülle unterschiedlicher Einzelbausteine zusammengefügt werden. Ziel muß es sein, nicht nur diese Bausteine untereinander harmonisch zu verketten, sondern ebenso mit den vor- und nachgeschalteten Anlagen optimal in Einklang zu bringen.

Literaturverzeichnis

Kapitel 1

Weinberg, H.: Wägen und Dosieren 6/87, S. 218 − 229 und 1/88, S. 22 − 25
Hoppe, H. u. Norbert, E.: Wägen und Dosieren 1/1986, S. 21 − 24 und 2/1986, S. 56 − 61
Becker, H.: Chemische Produktion 6/1985, S. 40 − 46
Weinberg, H.: Chemische Industrie 3/1988, S. 57 − 60

Kapitel 3

(1)   Druckschrift Dr. H. Gericke und A. Wagner: Chem.-Ing.-Techn. 57 (1985) 4
(2)   Druckschriften Fa. Gericke
(3)   DIN 1319, Blatt 3: Grundbegriffe der Meßtechnik, Januar 1972, S. 3
(4)   Dr. H. Gericke: Dosieren in der Kunststofftechnik, VDI-Verlag, Düsseldorf 1978
(5)   Kennerth Bullivant, Walter Lüscher: Dosieren in der Kunststofftechnik, VDI-Verlag, Düsseldorf 1978
(6)   Dr. H. Gericke: Gravimetrische Dosierverfahren
(7)   Druckschrift Fa. Wöhwa
(8)   Druckschrift Fa. Gericke
(9)   Dr. H. Gericke: Aufbereiten von Polyolefinen, VDI-Verlag, Düsseldorf 1984
(10)   Druckschrift Fa. Gericke
(11)   Prof. Vetter, G.: Dosierverfahren, in: Henstenberg, J., Sturm, B., Winkler, O. (Hrsg)., Messen, Steuern und Regeln in der Chemischen Technik.
       Bd. 1 Betriebsmeßtechnik, 3. Aufl., Springer Verlag Berlin, Heidelberg, New York 1980, S. 507−588.
       Ferner Teilabdruck: Vetter, G.: Dosieren in der Verfahrenstechnik. Wägen und Dosieren (1980) 1−6.

Sachregister

Autorenverzeichnis

Obering. Helmut Weinberg
Bizerba-Werke
Wilhelm Kraut GmbH u. Co. KG
Postfach 1140

7460 Balingen 1

Dipl.-Ing. Heinz Heßdörfer
Bizerba Software- und Automa-
tisierungssysteme GmbH
Harpener Hellweg 29

4630 Bochum

Obering. Werner Reif
Motan-Verfahrenstechnik
GmbH u. Co.
Birkenweg 12

7987 Weingarten

Dipl.-Ing. Johannes Rolf
Hado-Verpackungsmaschinen GmbH
Bremer-Str. 56

4500 Osnabrück

Obering. Alexander Wagner
Gericke GmbH
Max-Eyth-Str. 1

7703 Rielasingen

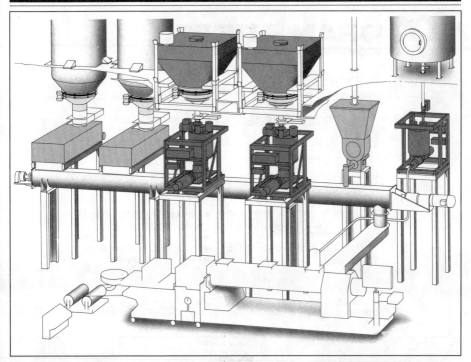

Für die Austragung und Entleerung:

- BEHÄLTER-AUSTRAGSVOR-RICHTUNG für die Siloentleerung
- ENTLEERSTATION für flexible Schüttgut-Container
- CONTAINER-AUSTRAGSSYSTEM CAS mit Entleerstation – auch für schwerfließende Schüttgüter

Für die gravimetrische Dosierung:

- DOSIER-DIFFERENTIALWAAGEN
- DOSIER-BANDWAAGEN
- DOSIER-SCHNECKENWAAGEN
- BEHÄLTER-WAAGEN

Für die volumetrische Dosierung:

- DOPPEL-DOSIERSCHNECKEN
- VIBRATIONS-DOSIERSCHNECKEN
- DOSIERSCHNECKEN

Ausführliche Unterlagen über sämtliche Geräte des Brabender®-Programms erhalten Sie auf Anforderung.

Schreiben Sie uns oder rufen Sie uns an.

TECHNOLOGIE KG

Brabender® Technologie KG, Kulturstraße 55–73, Postfach 35 01 38, D-4100 Duisburg 1
Telefon (02 03) 7 38 03-0, Telex 8 55 317, Telefax (02 03) 7 38 03-55